NTT 2030年世界戦略

「IOWN」で挑むゲームチェンジ

関口和一／MM総研
編著

日本経済新聞出版

はじめに

２０２５年に民営化40年を迎える日本電信電話（ＮＴＴ）がこのところ急ピッチで経営改革を進めている。改革の柱は大きく5つある。

グローバル経営の強化、法人営業を中心とするグループ企業の再編、インターネットの先を行く新しい光情報通信基盤の構築、エネルギーやスマートシティなど事業の多角化、そしてコロナ禍を克服した後の新しいリモート型経営の確立だ。

その陣頭指揮に立つのがＮＴＴ持株会社の澤田純社長だ。２０１８年の就任早々、グローバル持株会社「ＮＴＴインク」や海外事業会社の「ＮＴＴリミテッド」を設立。米シリコンバレーには次世代基礎研究を担う「ＮＴＴリサーチ」を設け、米ネバダ州ラスベガス市とは共同でスマートシティ事業を進めることで合意した。

国内では不動産事業を促す「ＮＴＴアーバンソリューションズ」やスマートエネルギー事業を担う「ＮＴＴアノードエナジー」を設立。モバイル技術を核に法人営業を強化するためＮＴＴドコモを１００％子会社化し、グループ会社のＮＴＴコミュニケーションズやＮＴＴコムウェアと経営統合することにした。「ドコモ・コム・コム」とも呼ばれる「新ドコモグループ」のスタートは２０２２年1月だ。

さらにインターネットの次の技術を確立するため新たに打ち出したのが「ＩＯＷＮ（アイオン＝イノベーティブ・オプティカル・アンド・ワイヤレス・ネットワーク）」と名付けた光情報通信基盤構想だ。その実現に向けたオープンイノベーションを進めようと米半導体大手のインテルやソニーなどと「ＩＯＷＮグローバルフォーラム」を設立、今や世界で70社以上の有力な企業や団体が参加している。

「ＩＯＷＮ」はＮＴＴが培ってきた光ファイバー技術をベースにコンピューター処理まで光で実現しようという構想だ。これまでは通信は光信号、演算処理は電気信号とそれぞれ異なる技術を使ってきた。データを送ったり処理したりする度に信号を置き換える必要があり、変換ロスや多くのエネルギー消費を招く要因となっていた。

すべてのデータを光のまま処理できるようになれば、大量のデータを一度に処理し、人間の行動や社会、経済の動きを「デジタルツイン」としてサイバー空間上に再現し、リアルタイムでシミュレーションできるようになる。インターネットの問題点として指摘されてきたセキュリティ面での安全性も高められるというわけだ。

こうした構想を実現するため、ＮＴＴはＮＥＣや富士通などの情報電機メーカーと提携、新技術を社会や産業の現場に実装しデジタルトランスフォーメーション（DX）を促そうと三菱商事やゼンリンなど業界の垣根を超えた提携も進めている。

象徴的なのがトヨタ自動車との資本提携だ。トヨタは富士山のふもとで「ウーブンシティ」と呼ばれるスマートシティプロジェクトを進めている。最先端の街づくりには高速通信規格の「5G」や自動運転の支援サービスなども必要だ。日本の産業界を担うトヨタとNTTが手を組むことで、日本発の新技術を生み出そうとしている。

NTTが大胆な経営改革に乗り出した背景には、米国の大手IT（情報技術）企業の台頭が見逃せない。グーグル、アップル、フェイスブック（現在は「メタ」に社名変更）、アマゾン・ドット・コムの4社で、頭文字をとって「GAFA」とも呼ばれている。

NTTのグループ売上高はこのところ10兆円を少し上回る規模で推移してきたが、GAFAの売上高は20年前の2000年当時、すべて合わせてもNTTの1割しかなかった。フェイスブックに至っては存在すらしていなかった。しかしそれから20年が経過した今、GAFAの売上高はNTTの10倍にも膨れ上がっている。

NTT社長の澤田氏はこうした状況について、「GAFAと我々とでは事業領域が異なるので単純な比較はできないが、デジタル化が進む中で彼らが急成長を遂げたのは紛れもない事実」と彼我の差に悔しさを隠し切れない。

というのも20年前はＮＴＴドコモが発表した世界初の携帯インターネット情報サービス「ｉモード」が海外でも注目され、ＮＴＴグループの存在も世界から羨望の眼差しで見られていたからだ。「ｉＰｈｏｎｅ」により世界の通信市場を一変させたアップルの創業者、スティーブ・ジョブズ氏でさえもＮＴＴの動きに一目置いていた。


ではＧＡＦＡとＮＴＴの勢力は一体どこで交代したのか。ひとつ注目すべきことは「ｉモード」が登場した１９９９年、ＮＴＴは政府の方針によりＮＴＴ東日本、ＮＴＴ西日本、ＮＴＴコミュニケーションズの3社に分割されたことだ。１９８５年のＮＴＴの民営化に始まった、いわゆるＮＴＴの分割民営化策である。

政府の直轄事業から始まったＮＴＴの民営化や分割は、米国で１９８０年代前半に実施された米大手電話会社、ＡＴ＆Ｔの分割にならったもので、国内市場を支配していたＮＴＴの力を削ぎ、新しい事業者の参入を促すことを目的としていた。ＫＤＤＩ（ａｕ）やソフトバンクの今日の成功はその政策の成果ともいえよう。

一方、ＮＴＴは規制緩和で海外進出は認められたものの、国内での政治や規制への対応に追われるようになり、新しい通信技術として米国から世界に広がりつつあったインターネットの台頭を十分に理解できていなかったといえる。

ＮＴＴ法によりＮＴＴは資本金の３分の１以上を政府が保有することになっており、役員人事も総務大臣の認可事項となっている。また日本国籍を持たない外国人などはＮＴＴの役員にはなれない。いわば組織自体が国内市場を最優先する形となっており、通信市場のグローバル化に迅速に対応できない形となっていた。

澤田氏がいち早くグローバル持株会社や海外事業会社を設立したのは、グローバル市場に対応できる新しい組織を作ろうとしたもので、ＮＴＴドコモやコミュニケーションズ、コムウェアを統合したのも国内外で進む移動通信と固定通信の一体化の流れに応えるのが目的だった。日本のメディアではＮＴＴと総務省の密接な関係を否定的に報道したが、日本の情報通信産業が再び世界市場で存在感を高めていくためには、むしろ官民協力のもと国を挙げての戦略構築が必要だといえよう。

民営化前の日本電信電話公社の時代には従業員数は32万５０００人を超えていたが、固定電話市場の急速な縮小に伴い、その数は減少の一途をたどってきた。２０００年には10万人以上少ない21万人規模まで減少したが、実は現在、海外の子会社を含めたＮＴＴグループの従業員数は再び32万５０００人規模に戻っている。公社時代と違うのは、うち約14万人が外国人など海外で働く従業員になったことだ。

携帯電話端末で約4割の世界シェアを誇ったフィンランドのノキアはスマートフォンへの技術変化を見誤り、倒産の危機に瀕した。そのノキアを携帯端末メーカーから基地局メーカーに転換し、世界3大通信機器メーカーのひとつに蘇らせた当時CEOのリスト・シラスマ氏は「昔からいるノキアの社員はわずか1%だ」と語る。

変化の激しい通信市場で生き残っていくためにはそれほど大胆な事業の組み換えが必要だったというわけだが、その意味では従業員の4割近くが外国人になったNTTの取り組みにも期待が持てるに違いない。

本書はそうしたNTTの経営改革に焦点を当てることで、等身大のNTT像を描き、2030年に向け大きく変わりつつあるNTTの姿を明らかにしようとした。また過去20年間を振り返りつつ、次の10年の技術変革を展望することで、情報通信産業の未来についても展望した。専門用語には説明をつけたので、業界の関係者だけでなく、ビジネスマンや学生の皆さんにも一読いただければ幸いである。なお文中では敬称を省略させていただいたことをこの場を借りてお詫び申し上げたい。

目次

第2部

進むグループ再結集

第4部 デジタル技術で経営改革

第5部 NTTの未来占う情報通信政策

第6部　２０３０年のグローバル情報通信市場

第1部

再び「世界ナンバーワン」目指す

第1章

「ahamo」の衝撃

澤田社長の懐刀が「トップ奪回」の司令塔

「強い抵抗があるからこそ、やる価値があった」。2021年7月7日、都内で開かれた「MM総研大賞2021」の表彰式。情報通信技術（ICT）分野の優れた技術やサービスを表彰する会場で、「大賞」を受賞したNTTドコモ社長の井伊基之は受賞企業を代表し、こう挨拶した。

受賞対象となった新しい料金プラン「ahamo（アハモ）」は、携帯電話料金を大幅に引き下げた点が大きな特徴だ。当初発表した月額料金は20ギガバイトで税別2980円。その後、ライバル事業者が値下げで対抗してきたため、税込2970円に改定。その代わり家族割や光セット割などの面倒な割引制度は除外した。

最も注目されたのは、申し込み手続きやサポートなどを従来の携帯電話ショップに頼らず、すべてスマートフォンやパソコンなどのオンラインで受け付けるという新しい仕組みを取り入れたことだった。

ドコモが「アハモ」を記者会見で発表したのは表彰式から半年前の20年12月。新プランを開発した若手社員と一緒に井伊自らが登壇し、「単なる料金の値下げだけでなく、若年層ユーザーに使いやすいプランを提供することで、若い人たちにもっとドコモに親しんでもらおうと考えた」とその狙いを語った。

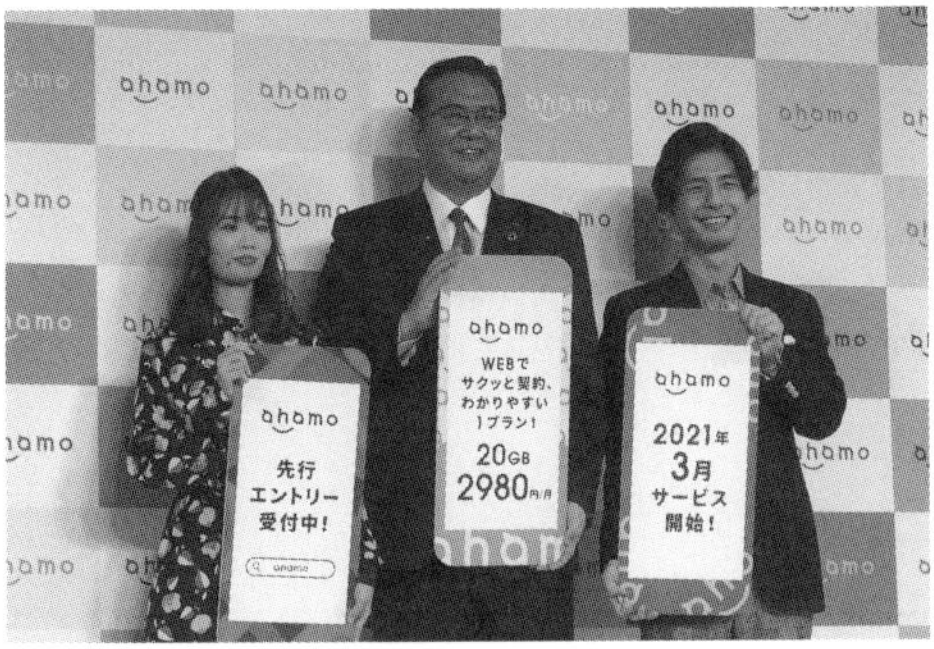

「ahamo」を発表するNTTドコモの井伊社長

20ギガバイトのパケット容量は国内だけでなく、ドコモが提携している海外のローミング先82カ国でも使えるようにした。最近の若者は携帯事業者のメールを使わなくなったことから、思い切って通信会社が提供するキャリアメールの提供も取りやめた。大胆な値下げを実施するには、コストを徹底的に見直す必要があったからだ。

ドコモはこれまで「ドコモショップ」を運営する販売代理店に携帯端末の販売や顧客サービスを任せてきた。いわば代理店とは運命共同体の関係にあったが、アハモの投入はその流通網を根本から覆すというわけだ。ライバルのＫＤＤＩ（ａｕ）やソフトバンクに比べ、ドコモの顧客は中高年層が多く、若者の支持を獲得するには

「こうした大胆な改革が必要だった」と井伊は指摘する。

予想した通り、ドコモが新しい料金プランとその取り扱い方法を発表すると、販売代理店からは不安の声が上がった。運命を共にし、携帯電話市場の発展に協力してきたという自負がある販売代理店からすれば、来るべき時が来たという思いだった。デジタル機器の操作に不慣れな中高年層ユーザーにも心配する様子が見られた。

ドコモ改革のため新社長は持株会社から降臨

「正直、これほどのものを出してくるとは思わなかった。井伊さんが社長に就任したことで思い切った施策を打ち出してくるとは思っていたが」。

大手販売代理店の幹部はアハモの発表を聞き、こう語る。「ドコモの並々ならぬ決意を感じる。単なる代理店の中抜きという話ではなく、携帯電話ショップや顧客サービスのあり方そのものを大きく変えようという試みだ」と危機感をあらわにする。

実はアハモが発表される1年前、販売代理店業界では、誰がドコモの次期社長になるのかが大きな話題となっていた。

当時社長だった吉澤和弘の後任として名前が挙がっていたのは、16年にＮＴＴ持株会社からドコモの取締役常務執行役員に転じた辻上広志（現ＮＴＴ都市開発社長）だった。副社長兼営業本部長となった辻上は、ＫＤＤＩやソフトバンクとの戦いで厳しい状況に立たされていた。携帯番号持ち運び制度（ＭＮＰ）のもとでドコモからの顧客流出が続き、その流れを止めることができなかったからだ。

一方、政府からは携帯電話料金の高止まりが指摘され、引き下げを要請されたＮＴＴ持株会社からはドコモに対する圧力が日増しに高まっていた。結局、20年5月にドコモが発表した人事では、辻上の退任が決まり、後任の副社長に就任することになったのは持株会社で副社長を務めていた井伊基之だった。

販売代理店の幹部たちは「これで井伊さんの次期社長就任が決まった。持株会社の澤田純社長の懐刀として信頼も厚いと聞いている。硬直したドコモを変えるべく送りこまれたのだろう」と口々に語った。

１９８３年入社の井伊は慶應義塾大学の出身で、１９７８年入社の澤田の5年後輩にあたる。井伊は大学院の工学研究科に進んだため、2人の実際の年齢差は3歳だ。桜田門外の変で暗殺された近江彦根藩の藩主、井伊直弼の末裔にあたる。日本電信電話公社が１９８５年に民営化する際には、そのプランづくりを共にした間柄で、２０００年代初めにはＮＴＴコミュニケーションズで一緒にインターネット事業にも携わった。

ＫＤＤＩとソフトバンクとの熾烈なＭＮＰ競争を迫られ、政府からの強烈な値下げ圧力をかわすには、対抗策をドコモ1社で考えていても、らちが明かない。実際、持株会社では新たなドコモの戦略をどうすべきか議論が交わされており、井伊もそのメンバーのひとりだった。

というのもNTTドコモは持株会社の子会社とはいえ、東証一部に上場しており、外部にも株主を多数抱えていた。料金の引き下げはそのまま減収を意味し、大胆な値下げは一般株主には受け入れられない。携帯電話市場が飽和しつつあり、携帯通信と固定通信の融合が進む今、「ドコモ単独での事業戦略では無理がある」という意見が持株会社では多数を占めていた。

そうした中、販売代理店の幹部らの話を裏付けるかのようにNTTは20年9月29日、持株会社によるドコモの完全子会社化と井伊の社長就任を発表した。当時ドコモ社長の吉澤と一緒に記者会見した澤田は「ドコモはシェアこそ1位だが、収益では3番手だ」と現状に強い不満を示し、翌日30日から株式公開買い付け（TOB）によりドコモの株式の買い付けを始めることを明らかにした。

MNP制度で12年ぶりの転入超過に

実はドコモのトップ奪回作戦は20年12月の井伊の社長就任を待たずして、すでに始まっていた。

携帯電話業界ではユーザーが携帯番号を変えずに通信会社を乗り換えられる「番号持ち運び制度（ＭＮＰ）」という仕組みが２００６年から導入された。最大シェアを誇るドコモは何も対策を打たなければ自然と流出してしまい、アリ地獄のように苦しめられてきた。

ところがドコモは持株会社による完全子会社化を予期していたかのように、20年の新型ｉＰｈｏｎｅの販売にあたっては、初期の入荷量が限られる中で、ＭＮＰの主戦場である量販店チャネルに多くの端末を配分し、乗り換えユーザーを獲得しようとした。

こうしたドコモの姿勢の変化に対し、量販店関係者からは「ドコモがありとあらゆる販売支援を惜しまず、なりふり構わずＭＮＰを取りに来ている」という声が聞かれた。実際、20年12月のＭＮＰの実績は09年1月以来、実に12年ぶりに転入数が転出数を上回るという転入超過となった。顧客流出を食い止めたのである。

ドコモの販売姿勢はこれまでＫＤＤＩやソフトバンクに比べ、後手後手に回ることが多く、スピード感もなかったが、それが一転して積極姿勢に変わりつつあった。アハモの発表はこうした変化をさらに加速するものだった。一部には「お茶を濁す程度のプランになるのでは」といった声もあったが、その予想を大きく裏切る大胆な料金プランはかつてないほどに俊敏なフットワークをドコモにもたらした。

「これからはマイナンバーで稼いで」と井伊社長

新しい料金プランの発表を受け、アハモに対する関心がユーザーの間で日に日に高まっていることを販売代理店各社は肌で強く感じるようになった。同時にアハモのオンライン専用プランへのシフトが加速することへの危機感も高まっていった。

その危機感が現実のものとなったのが、21年2月に開かれた販売代理店向けの方針説明会だ。ドコモはアハモの取り扱いだけでなく、販売店業務のデジタル化をこれまで以上に強力に推進することを打ち出したのである。新たなデジタル化方針として示された内容は、代理店にとってはその収益構造を大きく揺さぶるものだった。21年5月の決算発表会で井伊はこう語っている。

「デジタル化により、すべての業務を携帯ショップのスタッフで対応していた時のような販売手数料は要らなくなる。携帯ショップはこれからはマイナンバーカードなど世の中で必要とされるデジタル化のサポートをやっていくことで全体として収益構造を再構築してもらいたい。アハモの発売をきっかけに販売チャネルのデジタル化を進めていきたい」。決算説明会のドコモの資料には手続き業務のデジタル化比率を23年度に50％程度まで引き上げることを示唆するようなグラフが描かれていた。

デジタル化方針の内容にはネットワークだけでなく、携帯端末の販売も含まれている。すなわち販売代理店を介さないオンラインによる端末販売を増やしていくということであり、代理店にとっては端末販売収入の減少を意味した。

買い替えサイクルの長期化に加え、19年10月の電気通信事業法改正による値引き規制もあり、携帯端末の販売市場はここ数年伸び悩んでいる。オンライン販売へのシフト強化は代理店にとって大きな逆風でしかない。大手3キャリアのオンライン販売比率は現状ではあまり高くなく、オンライン販売に最も積極的な方針を打ち出したドコモでもまだその比率は10％台にとどまっている。

ところがアハモの発売によって「その数値目標をさらに上げてくるのでは」という声が聞かれるようになった。販売代理店にとっては自らの生死にかかわることで、「現在のショップ体制で、仮にオンライン比率が30％や40％となった場合、生き残れる代理店はほぼいないだろう」というのが市場関係者の見方だ。

激震が走る販売代理店側の取り組みについては第5部第5章で詳しく解説する。

非通信ビジネスのカギ握る「ドコモ経済圏」構想

「携帯市場トップ」の座を名実ともに奪回すると宣言した社長の井伊は、一方で非通信ビジネスの種まきにも余念がない。21年の新春挨拶では、モバイル回線事業を中心にビジネス展開していたドコモの領域を拡大し、10年後の社会で必要不可欠な存在として大きく成長していく決意を改めて表明した。

「新しいドコモのあるべき姿を実現するためには、非通信ビジネスであるスマートライフ事業の拡大が必要不可欠だ」。

スマートライフ事業というのは「dTV」「dマガジン」などのコンテンツ・ライフスタイルサービス、それに「dカード」や「d払い」といった金融・決済サービスなどを指す。これらのサービスは、ドコモが発行する共通IDの「dアカウント」さえ取得すればドコモとの回線契約なしでも利用できる。つまり、auユーザーやソフトバンクユーザーも新しい顧客として取り込んでいこうというわけだ。

これまで主力だった通信事業は、政府主導による携帯電話料金の引き下げ要請を受け、収益が急速に悪化しており、20年度決算では通信事業の売上高は前年度に比べ27億円の減収となった。一方でスマートライフ事業の売上高は同725億円の増収を記録しており、21年度も同538億円の増収を見込む。

決算説明会で井伊は「スマートライフ事業は成長の要」と断言する。今後はスマートライフ事業の顧客基盤やdアカウントユーザーをいかに増やすかということが「新しいドコモ」の成長の鍵を握ることになる。

ポイント・決済サービスの劣勢挽回にかける

スマートライフ事業の拡大には、ｄアカウントユーザーの拡大に合わせてポイントを同一商圏内でいかに有効に使っているかを示す「アクティブ利用率」を高めることが条件だ。そのためにはポイント・決済サービスを軸としたエコシステムの構築が重要になってくる。

ＭＭ総研が21年8月に実施したアンケート調査によると、ドコモユーザーが最も利用するポイントサービスとして「ｄポイント」と回答した比率は32・4％。一方、ドコモユーザーで「楽天スーパーポイント」を最も利用すると回答した比率は29・2％にも上っている。これに対し、楽天モバイルユーザーが「楽天スーパーポイント」を最も利用すると回答した比率は73・9％であり、自社のポイントサービスを自社の経済圏で有効に使っているかどうかに圧倒的な差が生じている。

ＱＲコード決済分野を見ると、ドコモユーザーの20・7％が「ｄ払い」を最も利用すると回答したのに対し、ソフトバンクユーザーの46・5％が「ＰａｙＰａｙ（ペイペイ）」を最も利用していると回答。クレジットカード分野ではドコモユーザーの18・3％が「ｄカード」を最も利用すると回答したのに対し、楽天モバイルユーザーは63・0％が「楽天カード」を最も利用していると答えている。楽天の場合はユーザーが楽天経済圏の中で完結しており、それに比べるとドコモは経済圏づくりで大きく後れをとっている状況が見える。

図表1-1　契約キャリアが提供する自社サービスの利用率

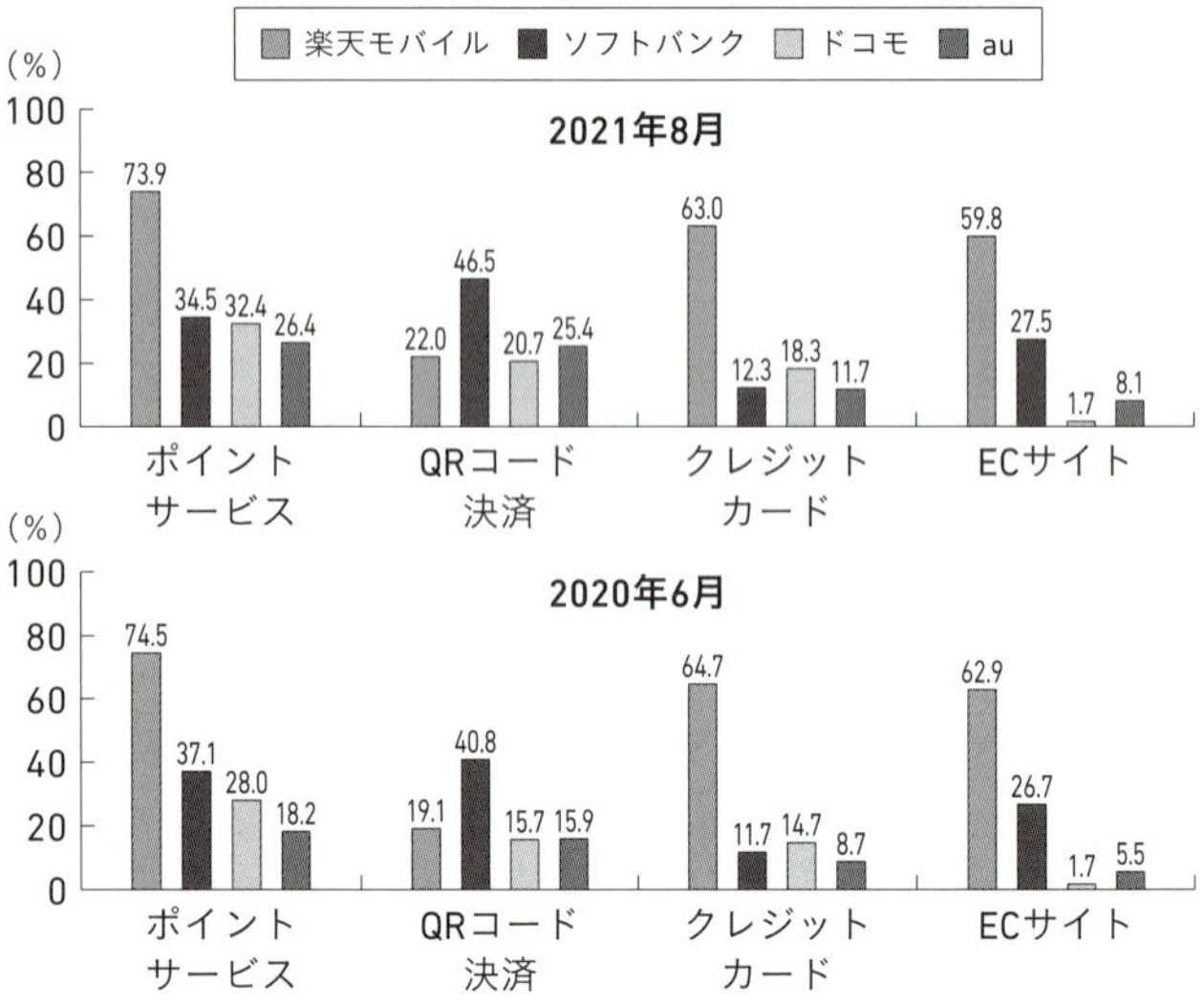

出所：MM総研調べ

さらに言うと、ＥＣサイト分野では、ドコモの自社オンラインサイトである「ｄショッピング」を最も利用していると回答したドコモユーザーはわずか１・７％にとどまった。ドコモのスマートライフ事業の売上高とｄポイントクラブユーザー数は順調に伸びているものの、顧客基盤を十分に活かしきれていない状況にある。ここに井伊がメスを入れたのである。

2022年度メドにデータ活用人材1000人体制へ

dアカウントユーザーの取り込みに重要なのはデジタルマーケティングの高度化だ。井伊は「あらゆる顧客接点から得られるデータを活用し、デジタルマーケティングの高度化を図るにはデータ活用人材を早期に1000人以上確保する必要がある」という。データエンジニアや機械学習エンジニア、データコンサルタント、マーケターなどだ。これらの人材を活用することで、顧客の属性・行動データをもとに多様なニーズに対応した料金・サービスを提供するためのDMP（データ・マネジメント・プラットフォーム）を強化し、「ドコモ経済圏」を拡大していく計画だ。

21年7月には、デジタルマーケティングに関する専任組織が発足した。通信・スマートライフ事業を問わず、内部人材を積極的に活用していく方針だ。教育担当の責任者によると「実際に事業を手掛ける人材のデータ活用スキルを強化することで、より現場にフィードバックしやすい体制が構築できる」と語る。

三菱UFJ銀行と業務提携し金融機能を補完

dカードの会員数は21年6月末時点で約1470万人。d払いユーザー数は同じく約3735万人と決済領域のビジネスは順調に拡大している。しかし携帯通信事業者の金融ビジネスでドコモが競合他社と大きく異なるのは銀行機能を持たない点だ。ＫＤＤＩは「ａｕじぶん銀行」、ソフトバンクは「ＰａｙＰａｙ銀行」、楽天モバイルは「楽天銀行」という自前の銀行機能を持っている。

スマートライフビジネスを急拡大させるためには、競合の通信事業者と同様に銀行機能を持つことが必要不可欠だと判断し、ドコモは21年5月にメガバンクの三菱ＵＦＪ銀行と「新たなデジタル金融サービスの提供」で業務提携すると発表した。21年度中に合弁会社を設立し、22年中にも「取引状況に応じてｄポイントが付与される新たなデジタル口座サービス」の提供を開始する予定だ。

ドコモが今後、金融・決済ビジネスを拡大していくためには銀行機能は必要不可欠ともいえよう。住宅ローンや資産運用の取り扱いなども検討していく余地はある。新たな金融サービスで売上高を獲得し、既存ユーザーのアクティブ利用率を向上させていく作戦だ。

ＮＴＴコミュニケーションズとの統合効果を発揮

非通信ビジネスの拡大はコンシューマー領域だけにとどまらない。21年10月、井伊はスマートライフ領域の拡大に向け、弱点だった法人領域におけるビジネスの強化を推し進めていくため、法人ビジネスに強いグループ会社のＮＴＴコミュニケーションズをドコモの傘下に置くことを発表した。

というのもこれまでドコモの法人ビジネスは、主に業務利用のスマートフォンや、パソコンで使うリモートアクセス用のモバイル回線の提供がメインだった。コミュニケーションズを子会社化することで、固定ネットワークや上位レイヤーを含めたトータル・サービス・ソリューションに提供領域を拡大しようと考えた。

そのための重要な鍵を握るのが法人向けの共通ＩＤサービス「ビジネスｄアカウント」と、法人向けポイントプログラム「ドコモビジネスメンバーズ」だ。

ビジネスｄアカウントは、ドコモ回線を利用しない企業でも利用できる。ＩＤを共通化することで、異なるサービスごとにアカウントを管理する必要がなくなり、利便性を高めることができる。メールやスケジュール管理ソフト、デバイス管理サービスなど、21年度中に50以上のサービスに対応する予定だ。

さらに、リモートワークの推進や労務管理・経費精算など自社の業務効率化サービスにとどまらず、パートナーが提供するソリューションとも連携しながらエコシステムを拡大していく計画だ。

ドコモビジネスメンバーズで提供されるポイントプログラムでは、回線の利用額に加えて、様々なソリューションの利用額や契約数に応じてポイントが付与される。たまったポイ

「新ドコモグループ」誕生の記者発表（右から黒岩真人NTTコムウェア社長、井伊基之NTTドコモ社長、丸岡亨NTTコミュニケーションズ社長、2021年10月）

ントは携帯端末の購入や修理、回線・ソリューションの利用料金にも充当することができる。

ドコモによるNTTコミュニケーションズの子会社化により、ビジネスdアカウントを軸として顧客基盤の統合を進めていきたい考えだ。

第2章

ナンバーワン目指すシナリオ

国内ではガリバー的な存在だったＮＴＴだが、海外進出は実は失敗の連続だった。ＮＴＴの社員から第二電電（ＤＤＩ）に転じ、国際電信電話（ＫＤＤ）との合体で誕生したＫＤＤＩの社長、会長を歴任した小野寺正は、「ＮＴＴは分割民営化により海外進出もできるようになっていたのに」とＮＴＴの海外展開の遅れを回想する。

国際通信事業はもともとＫＤＤが独占していたが、ＮＴＴの分割によって生まれたＮＴＴコミュニケーションズが国際通信事業への進出を認められたことを指している。小野寺から見れば、ＮＴＴの実力からすればまだまだ不十分ということだろう。

しかしＮＴＴ持株会社の社長が澤田に替わると、グローバル化に向け、針が大きく動き出した。「成長の舞台は国際市場にある」と澤田は社内外に海外戦略を強化する方針を示したのである。

澤田が株式会社組織となったＮＴＴの第８代社長に就任したのは２０１８年６月。京都大学工学部の出身で、専門は土木工学だ。ＮＴＴの分割民営化のプランづくりや、ＮＴＴによるインターネット事業の取り込みなど経営企画畑で頭角を現し、18年6月にNTT持株会社の社長に就任すると、様々な施策を矢継ぎ早に打ち出してきた。

海外戦略を促すひとつの戦略が、光技術を活用した次世代の情報通信基盤「IOWN（アイオン＝イノベーティブ・オプティカル・アンド・ワイヤレス・ネットワーク）構想」だ。光ファイバーで培った光技術はNTTが世界をリードしており、新しい光技術を世界に広めるため、米半導体大手のインテルやソニーなどと提携、グループ内でもNTTドコモやNTTコミュニケーションズと連携を進めるなど、その態勢づくりを着々と進めている。

グローバルな情報通信市場で澤田が特に脅威と意識しているのが米IT（情報技術）大手4社の「GAFA」、すなわちグーグル、アップル、フェイスブック、アマゾン・ドット・コムだ。

NTTは1990年代後半、当時の宮津純一郎社長のもと、世界の「情報流通企業」を目指す戦略を打ち立てたが、その後のインターネットの普及拡大により、掲げた看板を下ろさざるを得なかった。

代わってその座を獲得したのがまさにGAFAであり、NTTが再び世界の情報通信市場で主導権を勝ち取るには「ゲームチェンジが必要だ」と澤田は言う。それにはインターネットに代わる高速で信頼性の高いネットワークを構築する必要があり、それを実現するのが

「光電融合技術」を活用したＩＯＷＮというわけだ。

「ゲームチェンジ」促すオール光技術

澤田が副社長から社長に就任する直前、ＮＴＴサービスイノベーション総合研究所の所長、川添雄彦（現ＮＴＴ常務執行役員研究企画部門長）は澤田に呼ばれ、ＮＴＴの将来ビジョンについて研究所の見解を求められた。

早稲田大学大学院で理工学修士を修了し、民営化後のＮＴＴに１９８７年に入社した川添は衛星通信や放送サービス、コンテンツ流通などの研究に携わった経験がある。２人は以前から「どうすればＮＴＴの存在価値を高められるか」と議論していたが、具体的な方向性を見出せずにいた。

改めて意見を求められた川添は、思い切って「光の技術を使ってインターネットの次をやりませんか？」と切り出した。「オールフォトニクス」「コグニティブファウンデーション」「デジタルツイン」という３つのキーワードを使い、現在のインターネットを超えるネットワーク・コンピューティングの融合インフラを実現してはどうかと提案したのである。

１９９０年代後半、ＩＳＤＮ（総合デジタル通信網）技術で世界をリードし、ベストエフォート型のインターネット技術の導入には後ろ向きだったＮＴＴに、「ＯＣＮ（オープン・

川添雄彦NTT常務執行役員研究企画部門長

コンピュータ・ネットワーク）」という形でインターネットを事業化するよう舵を切らせたのはほかならぬ澤田である。川添の意外な提案に澤田はその場では「何を言っているんだ」と耳を傾けようとはしなかった。

ところが1週間もしないうちに澤田から再び連絡があり、「川添くん、やっぱりあれやってみようか」とゴーサインが出たという。川添は「澤田は肌感覚が働く。世の中がシフトする潮目だとこの時に判断したのではないか。澤田の決断があったからこそ、ＩＯＷＮ構想は生まれた」と語る。

「ワールド・ワイド・ウェブ（ＷＷＷ）」という名前のごとく世界中をつないだインターネットの仕組みを置き換えるのは並大抵のことではない。しかし地球温暖化が問題となっている今、大型のデータセンターや大量のサーバーを必要とするインターネットには限界がやってくるというわけだ。

情報を送る通信だけでなく、情報処理の部分も光のまま演算処理するＩＯＷＮの技術を使

図表1-2　NTTが描く「IOWN」構想のイメージ

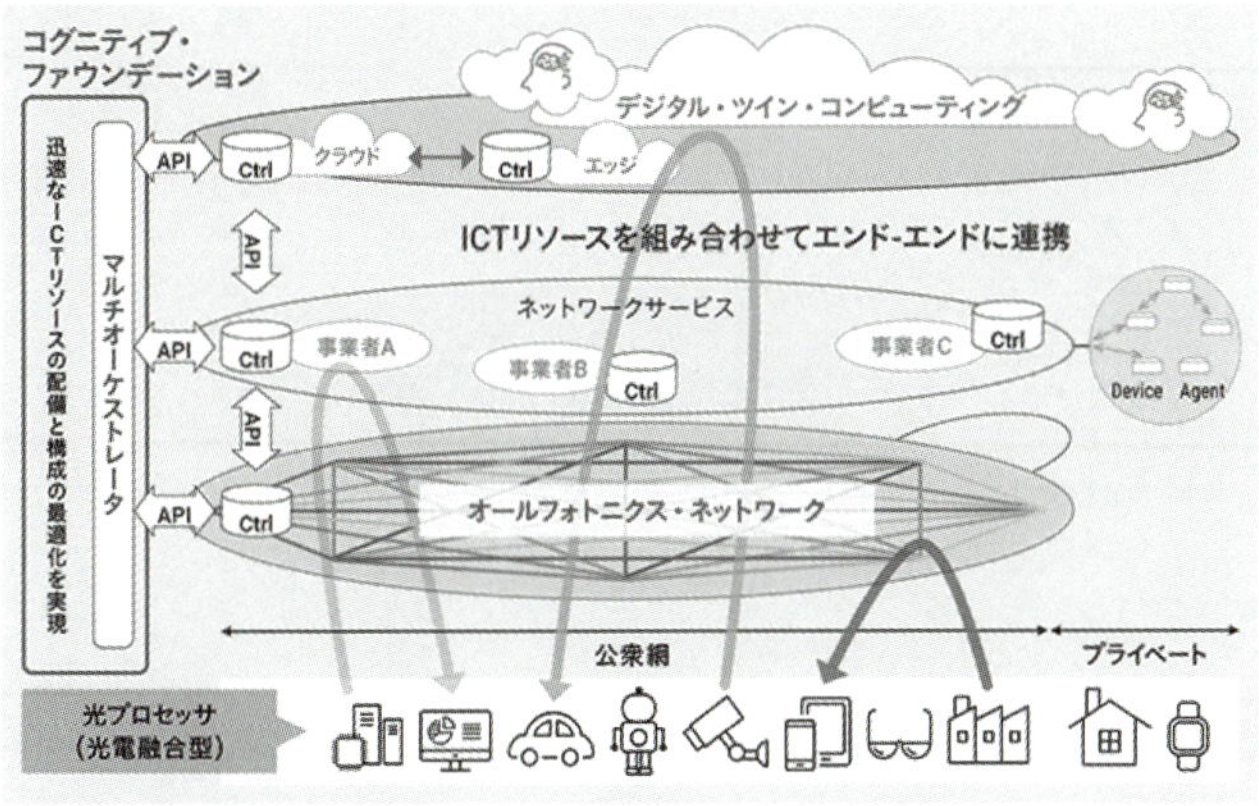

出所：NTT資料より

えば、エネルギー消費を抑えながらコンピューターの処理能力を高めることが可能だ。電力消費を理論上、百分の一に抑えられるＩＯＷＮ構想を世界に問えば「その考えに賛同してくれるところも出てくるのではないだろうか」と澤田や川添は考えた。

それには通信業界だけでなく、半導体やアプリケーションソフトの開発などを担う仲間を募る必要がある。澤田は社長に就任するや否や米国のシリコンバレーに飛び、インテルのボブ・スワンＣＥＯ（当時）に会い、ＩＯＷＮの基幹技術となる光電融合技術による次世代マイクロプロセッサーの開発を共同で進める話を持ちかけた。

ＩＯＷＮによる次世代コンピューティングでは、スマートフォンのカメラなどに使用されるＣＭＯＳ（相補性金属酸化膜半導体）などのセンサー技術も重要になる。そこで世界のＣＭＯＳ市場で6割近いシェアを誇るソニーにも声をかけ、構想に賛同してくれた企業同士で「ＩＯＷＮの推進組織を作ろう」という話になった。

インテル、ソニーと一緒に推進組織を米国に設置

２０２０年1月、ＮＴＴ、インテル、ソニーの3社は、新しいコミュニケーションの技術開発を目指して「ＩＯＷＮグローバルフォーラム」の設立を正式に発表した。

光ネットワークとコンピューティングを融合する次世代インフラを作り、インターネットを超える高速大容量通信と超高速情報処理を実現し、世界に通信技術革新を起こそうと訴えた。あらゆるものがネットワークにつながるスマートな世界を実現するために新しい光電融合技術を推進し、フレームワークや技術仕様、リファレンスアーキテクチャーなどを取りまとめ、それを世界に広めることをフォーラム設立の大きな目的とした。

フォーラムの本拠地は日本ではなく、米国に設置することにした。ＩＯＷＮはＮＴＴが開発した技術だが、世界のＩＴ企業を巻き込んでビジネス化していくには、なるべく「日本発」という印象を持たれないようにすることが肝要だと考えたからだ。

というのもＮＴＴは日本のバブル経済絶頂期の１９９０年に「ＶＩ＆Ｐ（ビジュアル・インテリジェント・アンド・パーソナル）構想」を発表、光ファイバー網によるマルチメディア推進計画で世界をリードしようとした。結果的にはバブル経済の崩壊もあり、構想は計画倒れに終わってしまった。逆に米国を刺激したおかげで、米国発の通信技術であるインターネットの普及を促す結果となってしまった。

また第3世代移動通信システム（３Ｇ）が登場した２００１年には、ドコモが世界初の携帯インターネット情報サービス「ｉモード」の世界展開を計画。その普及を促すため、米国のＡＴ＆ＴワイヤレスやオランダのＫＰＮモバイルなど世界の有力通信事業者に出資したりしたが、今度はＩＴバブルが崩壊、ドコモは巨額の投資損を被り、撤退を余儀なくされてしまった。

こうした失敗はＮＴＴの責任というより、「日の丸技術」を掲げ、政府の資本も入っている日本の代表的通信事業者が世界の通信市場をリードしようとしたことに海外企業から反発が出たという面が見逃せない。これは放送市場にもいえることで、ＮＨＫ（日本放送協会）が１９９０年代に「ＭＵＳＥ（ミューズ）」と呼ばれるアナログ技術で世界初のハイビジョン放送を世界に広めようとしたものの、受け入れられなかったことにもよく似ている。

澤田や川添は、そうした失敗を繰り返さないためには、ＮＴＴが前面に立つより、まずは技術に対する理解者や賛同者を世界に募り、新しいネットワーク技術として世界に受け入れられるようにすることが先決だと考えた。澤田は「日本は革新的な技術を開発しても、世界市場に広める力が弱い。技術で先行してもビジネスで成功できなかった事例は少なくない」と指摘する。

実際、インターネットの分野でも、ＮＴＴは草創期からネットワークや情報処理など様々なネット関連技術で世界に負けないものを開発していたが、ビジネスとしてその成果を勝ち取ったのはＧＡＦＡだった。その二の舞を避けようというのがＩＯＷＮグローバルフォーラムを設立しようと考えた最大の理由だ。

ユーザー視点で技術開発を進める

ＮＴＴの研究所の総責任者であり、ＩＯＷＮ構想の発案者でもある常務執行役員の川添は「この20数年間にＮＴＴが大きな差をあけられた要因は想像力に欠けていたことだ」と自戒する。「過去のＮＴＴはインターネット上にどのようなビジネスが乗るのかを考えずにネットワークインフラを作って満足していた。次に何が出てくるのかを考えていかないと新しいインフラを構築しても同じ失敗を繰り返してしまう」と指摘する。

こうした反省を踏まえ、ＩＯＷＮではインテルやソニーなど世界の有力企業と共同でユースケース（利用事例）づくりに取り組むことにした。ネットワークや情報処理を光技術を使って高速化するだけでなく、人工知能（ＡＩ）や3次元（３Ｄ）技術などを使い、ネットワーク上にデジタルツインを構築するデジタルツインコンピューティングも活用する。そうした新しいネットワークインフラを使って何ができるのかをまず見つけることを重視したいと強調する。

ＮＴＴはこれまでＩＯＷＮ以外にもインターネットを超える新しいネットワーク技術を提案したことがある。２００3年に提唱した次世代インターネット技術「ＮＧＮ（ネクスト・ジェネレーション・ネットワーク）」、いわゆる「ＮＧＮ構想」だ。

通常の音声通話に使われるネットワークは、交換機で回線そのものをつなぎかえる「回線交換方式」という技術が使われている。それに対し、ネットワークを接続したまま、その中を流れるデータを「ＩＰ（インターネット・プロトコル）アドレス」というネットワーク上の住所を頼りに送り届けるのがインターネットの技術だ。データを小包状態に分けて伝送することから「パケット通信」とも呼ばれている。

回線交換方式は通信相手を物理的に特定していることからセキュリティは高いが、大量のデータを送ったり、多くの端末を同時につないだりするのには適していない。一方、パケット通信は大量の情報を多くの人に伝達できるものの、サイバー攻撃などを受けやすいといったデメリットを抱えている。

ＮＧＮはその両方のいいとこ取りをしようという技術で、回線交換方式の安全性を維持しながら、インターネットにもつなげるようにした。商業的にはＮＴＴの光インターネットサービス「フレッツ　光ネクスト」として実用化されたが、同社が目指した世界展開には至らなかった。それどころか国内のＫＤＤＩやソフトバンクも採用せず、セキュリティの高い次世代グローバルネットワークの実現という意味では目的を達することができなかった。

今回のＩＯＷＮ構想では、世界の主要な通信事業者が同じベクトルで技術開発に取り組み、その技術を広める必要があると考えたのである。実際、海外の通信事業者やＩＴ企業も現行のインターネットが発する熱やセキュリティの問題には共通の問題意識を抱えており、光技術を上手に活用すれば、インターネットを超える安全で環境にも優しい新しいネットワークインフラを構築できると考えた。言葉を変えれば、その実現こそが、ＧＡＦＡが支配するインターネットの世界にＮＴＴが一矢報いることを意味する。米国に押されっぱなしだった日本の技術力を世界に再び知らしめることになる。

欧州の通信会社、機器メーカーなども加わる

次世代のネットワークを共同で構築しようという「ＩＯＷＮグローバルフォーラム」に

は、アジアや米国、欧州などから73企業・団体（2021年9月時点）が加盟。組織のチェアマンには、IOWNの旗振り役であるNTTの川添が就任した。ボードメンバーには創設メンバーのインテルやソニーをはじめ、大手通信事業者の中華電信やオレンジ（旧フランステレコム）、通信機器メーカーのエリクソン、富士通、デル・テクノロジーズ、マイクロソフトなどが名を連ねる。通信やコンピューターアーキテクチャー、クラウド、センシングデバイスなど、幅広い分野のテクノロジー企業が世界から結集した。

特に注目されるのは、オレンジやスペインのテレフォニカ、エリクソン、ノキアといった欧州の有力な通信会社や通信機器メーカーが参加したことだ。こうした欧州企業は「3GPP（サード・ジェネレーション・パートナーシップ・プロジェクト）」と呼ばれる世界の移動通信システムの標準化を進める国際組織の有力メンバーで、第5世代移動通信システム「5G」の規格づくりにも主導的役割を果たしてきた。

IOWNの技術を次の「6G」の規格に盛り込んでいくためには、欧州の3GPPの有力メンバーの理解を獲得する必要があり、フォーラムの創設メンバーであるNTT、インテル、ソニーの3社は、こうした欧州勢に対してIOWN構想のビジョンやフォーラムの活動内容を何度も説明し、賛同を得ることに成功した。

世界市場への普及を考えると、成長が著しいアジアの企業や研究機関の協力も重要だ。台湾を代表する通信事業者である中華電信はＩＯＷＮグローバルフォーラムの創設時から参加を表明し、積極的に研究開発に携わっている。ほかにもインドの企業や政府機関、大学からも高い関心を持たれており、今後、研究開発の成果やユースケースなどの情報を積極的に提供することで、共同研究につなげていく計画だ。

国内ではＩＴ分野の有力企業に加え、トヨタ自動車や味の素、日揮といったユーザー企業も参加しており、テクノロジー企業とユーザー企業が一緒になってデジタルツインコンピューティングの利用促進や活用方法などを探っていこうとしている。

２０３０年メドに世界的に本格普及へ

ＩＯＷＮ構想を実現するには、技術開発を推進することも重要だが、わかりやすい実際のユースケースを作り、リファレンス実装モデルを示していくことが求められる。

ユースケースで期待されているのは、スマートシティやスマートファクトリー、エンターテインメントなどの分野だ。スマートシティではセンサーネットワークで集めた大量のモノや施設の稼働データと人流データなどを組み合わせ、その分析データを活用してエリア（地域）マネジメントを行うことなどを目的としている。大容量のデータを仮想空間上のデジタルツインコンピューティング技術でシミュレーションし、街の混雑緩和や回遊性の向上、防災・防犯の強化などに役立てる考えだ。

スマートファクトリーでは工場内の生産設備やプラント設備の稼働データなどを分析し、作業の効率化や安全性を高める仕組みを目指し、製造業の生産性を向上させるソリューションとして期待されている。エンターテインメント分野では、ＩＯＷＮが持つ高速大容量、超高速処理という特徴を活かし、今までにない映像体験やリアルタイムのコンテンツ配信を提供できるようにする。

ＩＯＷＮグローバルフォーラムでは、こうしたソリューションの実装技術を開発し、公開することで普及を推進していく考えで、２０２１年２月と６月にユースケース文書の中間レポートを発表し、４月には技術文書も公開した。12月には新たなアーキテクチャーを定義し、21年度中にＩＯＷＮのリファレンス実装モデルを示すことにしている。22年からはＩＯＷＮに賛同するユーザー企業と初期のユースケース作りに取り組む考えだ。25年にはＩＯＷＮ構想の第１次成長期を創出、２０３０年に本格的な普及期を目指す計画だ。

ＮＴＴの戦略転換を促した「Ｂ２Ｂ２Ｘ」

ＩＯＷＮの推進を決定した澤田は、持株会社の副社長時代にも新しい経営戦略を当時の社長だった鵜浦博夫と一緒に打ち出している。そのひとつがＮＴＴグループの業務プロセス改革とパートナー企業との協業を促す「B2B2X（ビー・トゥー・ビー・トゥー・エックス）」戦略だ。

情報通信業界では英語の「to（トゥー）」を表す言葉を同じ音で発音する数字の「2」で表すことが多い。「B2C」であれば「ビジネス（企業）トゥー（対）コンシューマー（消費者）」を表し、「B2B」は「企業対企業」を表す。「B2B2X」は「企業対企業対エックス」となり、最初のBがNTTで2つめのBが顧客企業を表し、エックスはソリューションやコンテンツ、消費者などを意味する。

NTT内では別名「黒衣（くろこ）戦略」ともいわれており、NTTのことを舞台の黒衣役に例え、自らが前面に立つというより、顧客企業の事業変革や事業推進を背後で支援する企業になろうという戦略を表している。

澤田は18年に社長に就任すると、この「B2B2X」戦略をさらに前に進めることを就任会見の場で強調し、こう語っている。

「伝統的な通信事業は頭打ちで市場が飽和している。新しい付加価値を作り出すためには、自らのプロセスを効率化してコストパフォーマンスのよいサービスをつくり出す改革を進めなければならない。通信とコンテンツを自らがすべて提供する垂直統合型モデルよりも、パートナーと一緒に事業領域を広げていく」。

B2B2X戦略を拡大していくためには、様々な市場でそれぞれ強みを持つプレーヤーとのパートナーシップが重要だ。澤田は持株会社で法人ビジネスの海外戦略を担ったことから、国内外に幅広い人脈を持ち、英語も堪能だ。インテルのボブ・スワン前CEO、マイクロソフトのサティア・ナデラCEO、デル・テクノロジーズのマイケル・デルCEO、ソニーの吉田憲一郎会長兼社長などは以前から親交があり、そうした澤田の人脈がIOWN推進コンソーシアムの起ち上げにも大きく貢献した。

澤田は社長に就任すると、すぐさま三菱商事やトヨタ自動車といった国内の大手企業との提携に動くなど、電電公社時代から引き継がれたNTTの自前主義や保守的な社風を大きく変えようとしている。

第3章

グローバル戦略目指す新布陣

司令塔となるグローバル持株会社を新設

NTTグループを代表するNTTデータ、NTTドコモ、NTTコミュニケーションズは合わせて1兆円を超す営業利益を稼ぎ出す国内の有力ＩＴ企業だ。その「ＮＴＴグループ御三家」といえども、実は海外事業では一敗地にまみれた過去を抱える。そうしたグループ会社の海外事業の旗振り役を担う澤田が社長就任早々打ち出したのが、海外戦略の司令塔役となるグローバル持株会社「ＮＴＴ株式会社（ＮＴＴインク）」の新設だ。

ＮＴＴインクの資本金はＮＴＴ持株会社が全額１００％出資し、本社は東京に設置、社長は澤田自らが兼務することにした。取締役にはＮＴＴのグローバル事業担当役員や外国人を含む海外事業会社の社長らが名を連ねる。

ＮＴＴインクには役員に日本国籍を求めるＮＴＴ法の制約が及ばないため、海外市場に精通した優秀な外国人を経営の中枢に迎え入れることができた。従業員は当初38人で、その多くはＮＴＴ持株会社のグローバルビジネス推進室に在籍するスタッフが兼務している。

澤田はＮＴＴコミュニケーションズとＮＴＴが２０１０年に買収した南アフリカのシステム開発会社、ディメンションデータをＮＴＴインクの子会社とすることを決定、さらには上場企業であるＮＴＴデータについてもＮＴＴインクの傘下に置くことにした。

19年7月には英国のロンドンに海外事業子会社のＮＴＴリミテッドを設立、ディメンションデータとＮＴＴコミュニケーションズの海外ネットワーク事業やデータセンター事業をリミテッドのもとに一体化した。ＮＴＴデータは上場企業であることから現在の経営形態を継続しつつNTTインクの子会社にし、リミテッドと歩調を合わす形を整えた。

顧客の個別のニーズに応じたアプリケーションを開発するNTTデータと、データセンター事業などを担うNTTリミテッドを合わせたNTTグループの海外売上高は約2兆円。欧米各地の有力なシステム開発会社を買収することで着々と事業規模を拡大してきた。

ところが、こうしたNTTの海外事業も営業利益率ではわずか3％に甘んじている。買収などで傘下に収めた海外企業がそれぞれバラバラに事業を展開しており、サービスが重複し、コスト高の体質が改善されていないためだ。NTTがライバルと目す米国のアクセンチュアやIBMの営業利益率が10％以上あるのと対照的だ。

ライバル2社は採算性の高いコンサルティング事業をベースとする一方、インドなど海外の大規模開発拠点を活用した低コストのアウトソーシング開発に強みを持っている。世界の舞台でそうした企業と競うには、NTTもグループが一丸となって戦える構造を確立する必要があると判断した。

呼び戻された海外戦略のキーパーソン

こうしたNTTグループの状況を打開するため、NTTデータで辣腕を振るっているのが副社長の西畑一宏だ。西畑は1年先輩の本間洋が18年6月にNTTデータの社長に就任したのを機に副社長をいったん退任したが、持株会社の澤田に請われ、20年6月に再び同社の副社長に復帰した。年次を重んじるNTTグループで一度退社した人間が再び副社長に就くのは「NTT始まって以来の仰天人事」といわれたが、澤田の狙いははっきりしていた。

西畑は東京工業大学大学院で電子物理工学を専攻し、民営化前のNTTに1981年に入社、NTT本体やNTTコミュニケーションズで海外畑を歩き、NTTデータには海外事業担当の執行役員として2009年に入社した。

それ以前はNTTヨーロッパの社長を務めており、1997年には海底ケーブルなどの国際回線事業を営む事業会社、NTT国際ネットワークの設立にも携わった。手探りでNTTの海外ビジネスを起ち上げてきた人物だ。

西畑は「日本航空（JAL）や全日本空輸（ANA）が飛んでいる海外の中核都市にネットワークを引いてデータセンターをつくり、そこから遠隔地にある日系企業の工場などに通信サービスを提供していた。新たに回線を引くのには相当苦労した」と当時を振り返る。

しかし日本のバブル経済が崩壊し、2000年代に入ると、JALやANAによる海外航路からの撤退が相次ぎ、日系企業向けの通信ビジネスは大幅に縮小を余儀なくされた。そのため西畑は現地企業向けのビジネスに大きく舵を切ることでNTTの海外事業を支えていた。

西畑が働いていたＮＴＴ国際ネットワークは、１９９９年のＮＴＴ分割でＮＴＴの海外進出が認められ、長距離通信事業と国際通信事業を担う会社としてスタートしたＮＴＴコミュニケーションズが同年10月に吸収合併した。

NTTデータの西畑一宏副社長

西畑はＮＴＴコミュニケーションズの欧州子会社の社長という立場になり、欧州での事業展開を現地で陣頭指揮することになった。それを東京のＮＴＴコミュニケーションズ本社の経営企画部で支えていたのがほかならぬ澤田だった。

「欧州にいたころは澤田さんと毎月のように電話で会議をしていた。性格が似ているところがあり、直接会わなくても考えていることが手に取るようにわかった」と西畑は当時を語る。ＮＴＴの海外進出の礎を築いてきた盟友ともいえ、そうした関係から澤田体制のもとで西畑に再び白羽の矢が立ったのである。

西畑がＮＴＴデータの副社長に復帰してから、ＮＴＴデータの海外事業子会社の事業統合がさらに進んだ。21年９月に欧州・中東・アフリカ・中南米地域の事業を統括する新会社「ＮＴＴデータＥＭＥＡＬ」を設立、英国、スペイン、ドイツ、イタリアなど25カ国にそれぞれ展開していた海外子会社をひとつに束ねた。

新会社の売上高は30億ユーロ（約３９００億円）となる。各地で買収した現地企業がそれぞれ個別に事業展開していたため、グループ企業同士で同じ顧客企業に営業をかけるといった非効率な面があった。新会社に統合したことで、今後はグループのシナジーを効率的に発揮し、収益性の面でも改善が見込めるようになった。

例えば、スペインのＩＴサービス会社、エヴェリスはコンサルティングのノウハウを持つ優秀な人材を抱え、金融機関向けのソリューションビジネスに強い。欧州にはほかに自動車に強い会社もある。ソフトウエアの開発体制もスペイン、イタリア、インド、ルーマニアなどの拠点を一体的に運営し、案件ごとに最適な拠点で開発する体制に切り替えた。「グループ各社が成功事例を横展開できるようになったのがよかった」とＮＴＴデータの幹部は喜ぶ。

ＩＣＴインフラはＮＴＴリミテッドに一本化

システム開発などの上流ビジネスや、システム運用などのデジタルオファリングを強化するＮＴＴデータに対して、情報通信技術（ＩＣＴ）インフラで世界ナンバーワンを目指すのが海外子会社のＮＴＴリミテッドだ。

この2社をグローバル持株会社のＮＴＴインクが一体運営するようになったことで、両社の技術をうまく組み合わせれば、上流ビジネスからプラットフォーム事業までワンストップで提供できるようになる。まずはＮＴＴデータとリミテッドの構造改革を進め、それぞれを利益の出る会社に改め、プロジェクトごとに協業を進めながら、互いの強みを活かしていくというのがＮＴＴの描くシナリオだ。

ＮＴＴリミテッドはＮＴＴコミュニケーションズの海外事業やＮＴＴが買収したディメンションデータなどの海外企業、それにＮＴＴセキュリティなどＮＴＴグループの28社を統合して19年7月に設立した会社で、本社は英国のロンドンに置く。

初代ＣＥＯにはディメンションデータのトップを務めていたジェイソン・グッドールが就任し、世界70以上の国と地域で事業を展開し、従業員数は約4万人。売上高は日本円にして約1兆円に達する。

ＮＴＴは21年8月末、今後2年間でデータセンター13棟を世界で新たに建設すると発表した。米国、英国、スペイン、ドイツ、南アフリカ、インド、マレーシア、インドネシアに新規のデータセンターを開設。既存施設の増床分と合わせ、世界に展開するデータセンターを面積ベースで2割拡大するという計画だ。

さらにインドや東南アジアでは拠点同士を海底ケーブルでつなぎ、主要都市の間で遅延の起きないネットワークを構築する。現在、20以上の国・地域でデータセンターを運営し、サーバールームの面積は60万平方メートルにも達する。世界のデータセンター市場をリードする米国のエクイニクスやデジタル・リアルティを追い上げる計画だ。

特に成長が著しいアジア市場では急速に存在感を高めており、インドのデータセンター市場ではシェアナンバーワンを獲得した。クラウドコンピューティングの普及により拡大が続くデータセンター需要を取り込み、ネットワークやセキュリティなどを組み合わせたＩＣＴインフラの分野でシェアを拡大する戦略だ。

澤田はこうした海外事業子会社の再編を社長就任１カ月後の記者会見で発表したが、このニュースは世界の通信業界に大きな衝撃を与えた。内向きだったＮＴＴがグローバル競争を勝ち抜くために本気で構造改革を進めると宣言したからだ。こうして99年のＮＴＴ分割以来、新たなグループの再編が始まったのである。

海外営業利益率７％を目標に

ＮＴＴリミテッドの当面のミッションは、グループの海外事業の目標である23年度営業利益率７％の達成に向けて、グローバルなＩＣＴインフラ事業を強化することにある。初代の

CEOにディメンションデータ出身のジェイソン・グッドールを据えたのも、これまで日本人社長を現地に送り込み、日本型の経営管理を行っていたのを改め、現地のニーズに根差した経営戦略を進めていくのが狙いだった。

グッドールCEOはその後、アビジット・ダビーにトップの座を引き継ぎ、海外市場に精通した経営者による大胆な経営改革を進めた。最初の2年間で重複事業の整理や合理化、コスト削減などに注力、21年には構造改革の道筋が見えてきた。

NTTリミテッドの前身となるディメンションデータは米シスコシステムズなどのネットワーク機器の再販ビジネスが主体で、いわばコモディティ（日用品）化しやすいビジネスモデルだった。クラウドコンピューティングの普及によりICT市場の環境が大きく変化する中で利益率が年々低下してきており、粗利益率も20％まで落ち込んでいた。

一方、NTTコミュニケーションズが手掛けるマネージドサービスは顧客の課題を解決するソリューションを提供するもので、高い利益率を維持している。海外事業の営業利益率の目標7％を達成するには、旧来型のビジネスに携わっているリソースを新しい高付加価値サービスに転換することが欠かせない。

そこでNTTリミテッドでは新規の付加価値サービスを提案できるスペシャリストの育成やサービス商材のコミッションの引き上げなど制度改革を果敢に実施し、事業構造の転換や人材育成による新たな営業体制づくりを進めている。

「NTT」ブランドの海外浸透狙う

ＮＴＴリミテッドと並ぶ、もうひとつの海外事業戦略会社であるＮＴＴデータは電電公社時代のデータ通信事業部門が１９８８年に分社独立した会社で、海外事業には２００５年から本格的に進出している。ＮＴＴグループのノウハウを結集して、ＢＭＷ、フォルクスワーゲン、メルセデス・ベンツといったドイツの自動車大手など世界を代表する大企業をサポートしている。

米調査会社のガートナーがまとめたグローバル市場における２０２０年のＩＴサービス売上高ランキングによると、ＮＴＴデータは前年の第８位から順位を２つ上げ、第６位に入る。トップのＩＢＭや第２位のアクセンチュアに比べると売上高規模は半分しかないが、日本勢では１番手の地位を誇っている。

ＮＴＴデータを率いる社長の本間洋は「世界トップ５入りを目指したい」と話してきたが、ようやくそれも視野に入ってきた。

本間は東北大学経済学部を卒業し、１９８０年にＮＴＴに入社、ＮＴＴデータでは広報部長や秘書室長、それにアジア担当の役員も務めたことがあるが、「海外でＮＴＴと言っても誰もわかってくれない。ＮＴＴのブランドを浸透させて各主要国でシェア2％くらい取れば、その国の政府や主要企業とも対話できるようになり、一気にブランドイメージを上げられるはずだ」と強調する。

というのもＮＴＴデータは世界55カ国・地域２０８都市に拠点を広げ、海外人員だけで約10万人いるが、圧倒的に足りないのがブランドの認知度だ。このためブランドを浸透させようと、海外で買収した子会社の社名を順次「ＮＴＴデータ」ブランドに統一してきた。米国で買収したデル・テクノロジーズのＩＴサービス部門など北米地域の子会社は「ＮＴＴデータサービシズ」と改め、欧州・中東・アフリカ・中南米地域のＩＴサービス会社は「ＮＴＴデータＥＭＥＡＬ」のもとに置いた。まずは欧米の主要国でシェアを拡大し、世界トップ5のＩＴサービス会社として上流ビジネスの領域で地位を確立するのが目的だ。

ＮＴＴやＮＴＴデータがグループとしてブランドの統一やイメージの向上に本格的に取り組み始めたのは澤田が社長に就任した２０１８年からだ。当時、ＮＴＴグループが国内外で提供するサービスブランドは全部で25以上あり、いくつものブランドロゴを資料に貼って提案していた。顧客からは「何の会社かわかりにくい」と言われ、不評を買っていた。

また「ＮＴＴ」のブランドが持つイメージも「ＴＥＬＣＯ（通信会社）」「ＳＩ（システムインテグレーター）」「トラディショナル（伝統的）」といったもので、世界市場を席捲する

GAFAなどの大手IT企業に比べると、先進性やデジタルのイメージなどで大きくかけ離れていた。

デジタルトランスフォーメーション促すパートナー目指す

こうしたことから、NTTデータは「トラスティッド・グローバル・イノベーター」を企業スローガンに掲げ、顧客のDXパートナーとなれるようブランドイメージの転換に向け、大きく動き出したのである。

社名やブランドの統一は当然のことだが、スポーツイベントなどのサポートにも力を入れ、NTTグループ全体としても新たな企業イメージの確立に動き始めた。北米で人気のモータースポーツ「インディカー・シリーズ」のスポンサードや「メジャーリーグベースボール」との提携、欧州最大のサッカーイベント「UEFA　EURO2020サッカー欧州選手権」における4K映像配信の技術協力などがそうだ。

誰もが知っているビッグイベントに協賛することで認知度の向上を図り、ファンに向けて高精細な映像配信やセンサーで収集したデータをリアルタイム配信するなど、新たなスポーツ観戦体験の提供をブランド力向上の武器としている。

そうしたブランディング活動の旗振り役を務めているのがNTT持株会社のグローバルビ

ジネス推進室で、NTTデータやNTTリミテッドなどのグループ各社がそれぞれの技術やノウハウを持ち寄り、それを実現しようとしている。「NTT」ブランドの認知度・イメージ向上という共通の目的に向かって一丸となり、「ワンNTT」によるシナジーを追求し、その先にあるグループの再結集へと準備を進めている。

第4章

宇宙にデータセンターを

2021年5月、NTTが新たな業務提携に関するオンライン記者会見を開いた。社長の澤田がその場で肘タッチを交わした相手は、日本およびアジア最多の通信衛星17基を運用するスカパーJSATホールディングスの社長、米倉英一だった。両社長がここで発表したのは「宇宙データセンター」という、あまり聞いたことのない奇抜な構想だった。

記者会見の発表テーマは「宇宙統合コンピューティングネットワーク構想」。NTTのネットワーク・コンピューティングのインフラ技術とスカパーJSATの宇宙事業の運用能力を統合した新しい通信インフラを構築するというもので、低軌道衛星や静止軌道衛星などを使って宇宙と地上とを光と無線でつなぐコンピューティングインフラを構築する計画だ。

太陽光発電などを使って成層圏を飛行し、地上にある携帯端末と通信する「ＨＡＰＳ（高高度疑似衛星）」と呼ばれる飛行物体を多数打ち上げ、いわゆる「空飛ぶ基地局」なども構築しようとしている。

宇宙との光通信にはＮＴＴが新たに打ち出した光情報通信基盤「ＩＯＷＮ」の看板技術である光電融合技術を活用する。平たく言えば「宇宙空間にクラウドコンピューティング・ネットワークをつくろう」という構想だ。

計画ではこの新しいインフラを使って3つの事業を実現する。ひとつは「宇宙センシング」。地球上のＩｏＴ（モノのインターネット）端末からのデータを宇宙で収集するというものだ。

現在のＩｏＴ端末は、海上や砂漠、極地など無線インフラの整わない場所ではデータが収集できないという弱点がある。電波を送受信できる衛星通信を利用して、地表の状況にかかわらず、世界中のあらゆる場所でモノ同士をつなげようというのがこの宇宙センシングだ。

2つめのプロジェクトは「宇宙ＲＡＮ（無線アクセス・ネットワーク）」だ。これは次世代無線通信技術の「6Ｇ」に向けた「Beyond（ビヨンド）5Ｇ時代」の技術ともいえる。災害の影響を受けない通信サービスインフラを全世界規模で宇宙に構築し、高速大容量で遅延の少ない通信インフラを地球上、広くあまねく提供することが狙いだ。

　そして3つめに掲げるのが大容量の光無線通信技術とコンピューティング能力を備えた情報通信インフラを整備する「宇宙データセンター」構想だ。

ソフトバンク、KDDIも宇宙ビジネスに参入

　今世紀のテクノロジーフロンティアとしては、宇宙ビジネスが大いに盛り上がっており、実はNTTと競合する国内通信事業者でも宇宙への取り組みが急ピッチで進んでいる。

　ソフトバンクはNTTの記者発表に先立つ21年5月、低軌道衛星通信サービスを提供する米国のベンチャー企業、ワンウェブと提携し、自社の移動通信サービスに同社の技術を活用していくと発表した。

　KDDIも電気自動車のベンチャー企業、テスラの最高経営責任者（CEO）としても知られるイーロン・マスクが設立した宇宙開発事業会社、スペースXと提携、スペースXが手掛ける低軌道衛星通信サービスの「スターリンク」をauの基地局のバックホール（中継）回線として利用するという契約を21年9月に発表している。

　ソフトバンクやKDDIの計画はいずれも宇宙センシングや宇宙RANの考え方を念頭に置いたもので、通信衛星を本業の携帯通信事業に積極的に活用していこうという計画だ。し

かし通信衛星をコンピューティングリソースとして宇宙空間で使うという発想は今のところＮＴＴにしかなく、「ＮＴＴ・スカパーＪＳＡＴ連合」が目指す「宇宙データセンター」はまさにその３つめのコンセプトを実現しようとしている。

澤田や米倉は会見で「宇宙データセンターによって宇宙で収集している観測データをそのまま宇宙で処理し、地上に送り返すことでデータ活用を支援する」と説明したが、これには大きなメリットが期待できる。

実は宇宙でのデータ処理には根強い期待が以前からある。現在は宇宙で収集したデータを地上のデータセンターに送り、そこで処理している。しかし高度約３万６０００キロメートル上空を周回する静止衛星から大量のデータを送るには多くの時間がかかる。地表では気象条件の影響も受けやすく、遅延の発生はやむを得ない。リアルタイムでデータを活用したいというビジネスニーズの足を引っ張る課題となっていた。

もし観測データを宇宙で処理し、その結果のデータだけを地上に送り届けることができれば、遅延や気象による影響を受けずにデータを活用できるようになる。その意味ではＮＴＴが打ち出した「宇宙データセンター」構想は宇宙でのデータ利活用に期待を寄せる各方面の関係者に大きな衝撃を与えた。

「6G時代」に不可欠な通信インフラに

「宇宙データセンター」と聞くと地上からデータを宇宙に送り、宇宙で処理して地上に送り返すことを思い浮かべるが、現時点ではあくまで宇宙の観測データの処理が目的だ。地上のデータセンターよりもコンピューターリソースが貧弱で、かつ利用コストも当面は高額となろう。

しかし10年後の「ビヨンド5G」「6G」の時代が来れば、「地上カバー率100%」の目標も実現不可能ではなくなる。通信衛星が無線サービス提供の重要インフラとして浮上してくるに違いない。

そうなれば現在をはるかに上回る大量のトラフィックが宇宙空間を流れるようになり、膨大なデータ処理ニーズに応えられるようになる。単に宇宙空間でデータを処理する情報通信インフラというだけではなく、データを処理しながら宇宙と地上をスマートにつなぐ新しいコンピューティングインフラを世界に先駆けて問うことにほかならない。宇宙データセンターの構築は極めて野心的なメッセージだった。

宇宙データセンターは事業の開始時期を2025年と設定していることも見逃せない。6Gの商用開始はNTTが次の大きな技術の転換点とみる2030年頃だ。

「4G」「5G」の時も同じだったが、新たな通信規格を作るには5年程度の期間をかけて検討を進めるのが通例だ。計画が万事順調に進めば、6G規格の検討が本格化する25年には、NTTは宇宙でのコンピューティングインフラを有した企業となる。6Gの展開においても有利な位置に立つことができよう。

しかし課題は多い。例えばスカパーJSATが現在運用している通信衛星に搭載されるプロセッサーはまだ性能的に課題が残る。強烈な宇宙線が飛び交う宇宙空間では、理想的な環境下で最高のパフォーマンスを示す現在のマイクロプロセッサーを地上と同じ条件で使うことはできない。

宇宙空間を新しいコンピューターリソースとして使っていくには多くの衛星の打ち上げも必要になる。その費用をどう捻出していくかといった課題もこれからの重要な検討事項となるだろう。

いずれにしてもNTTが2030年に向け野心的な布石を打ったことは間違いない。スカパーJSATの米倉は会見中に「NTTのIOWN構想に大いに賛同する。IOWNグローバルフォーラムに参加し、グローバルに協力していきたい」と断言した。

スカパーJSATにはグループ企業通じ出資

NTTとスカパーJSATとの関係は実は昔から深い。NTTグループはスカパー

ＪＳＡＴの衛星通信サービスの大口顧客かつ販売代理店だ。なかでもＮＴＴコミュニケーションズはスカパーＪＳＡＴホールディングスの発行済株式の多数を保有する大株主の1社でもある。歴史的にもＮＴＴが自社運用していた通信衛星をスカパーＪＳＡＴが引き継いで運用していた時期もあった。

また20年2月に打ち上げた通信衛星「ＪＣＳＡＴ－17」は、ＮＴＴドコモが日本及び周辺海域向けのモバイル通信サービスに使うことになっており、「Ｓバンド」と「Ｃバンド」を単独で長期使用するという契約を締結している。両社の技術やビジネスの担当者は頻繁に交流しており、ＩＯＷＮ構想をはじめ、ＮＴＴ社内の最新情報もかなり早い段階からスカパーＪＳＡＴ側に伝えられていた。

衛星通信の強みは「広域性」に加え、テレビ局の移動中継車とも通信できる「機動性」や、地震などの影響を受けにくい「耐災害性」の3点が挙げられる。一般のサービス利用者には見えないところで現在も衛星通信は使われている。携帯電話でも離島や山間部など携帯基地局の通信インフラが十分に整備されていない地域では衛星通信がその間をつないでいる。

大規模災害が起きた場合も最後の通信手段として衛星通信は使えるため、被災地との通信手段にも活用できる。そうした通信サービスの提供に欠かせない「縁の下の力持ち」の可能性を宇宙空間を使ってさらに広げようというのが、ＮＴＴが掲げる「２０３０年世界戦略」の大きな要でもある。

interview

井伊基之

NTTドコモ社長

◎ドコモ・コム・コムの統合シナジーでライバルを追撃
◎スマートライフ、法人事業を売上高の5割以上に
◎モバイルファースト、クラウドファーストで新領域に注力

――NTTドコモの社長に就任され、最初に着手した改革は何でしょうか。

持株会社の副社長時代にドコモの強化プロジェクトを担当していました。ドコモの幹部にも参加してもらい、様々な施策を打ち出しましたが、すぐに効果は得られませんでした。そこで持株会社社長の澤田から「中に入って指揮をとれ」と言われ、２０２０年6月に副社長としてドコモに来ることになったわけです。

最初に目を付けたのは販売コストを下げることでした。個人向け市場を主戦場として戦う中で、料金引き下げに対する大きな圧力がかかっていたので、利益を確保するための取り組みが求められました。

dカードなどのスマートライフ事業が急に成長するわけではないので、早急に思い切ったコスト削減に取り組む必要がありました。全国のドコモショップで丁寧に販売するのがドコモの基本文化でしたので、オンラインでの販売はコストを抑制できる半面、サービスの質が落ちると考えられていました。

そこで窓口業務に「デジタルツールを入れて効率を上げられないか」と社内に問いかけました。業務自体のDXが進めば、顧客満足度を高い水準に保ったまま販売コストを引き下げられると考えたのです。結果的に今ではオンラインでの販売・手続き比率が飛躍的に向上しています。

――ドコモを100%子会社化する意義はどこにあったのでしょう。

海外の投資家からは日本の親子上場はおかしいと言われます。ドコモとしても一般株主がいれば親会社が望む大胆な戦略はとりにくくなります。そこでまず「親子上場はやめよう」という考えになったわけです。他社に打ち勝つには意思決定を早くする必要があります。2020年9月に完全子会社化を発表しましたが、その年の春には5Gがスタートしたわけで、個人向け市場だけでなく法人領域でも5Gの活用を急ぐには会社の仕組みを今変えないと間に合わないと思いました。澤田も「技術が大きく変わる時は体制を変えないと競合に負けてしまう」と言っています。

——新ドコモグループ、すなわちドコモ・コム・コムの統合はドコモの完全子会社化の前から議論されていたのでしょうか。

そうです。発表会見の時に澤田も統合の方向性について言及していましたが、ステップ1、ステップ2という形でセットで議論しました。株式公開買い付け（TOB）に4兆円以上を投じるのに「なぜ統合が必要か」ということを株主にもわかってもらわないとなりません。ドコモとコミュニケーションズ、コムウェアの3社の力を統合することでドコモやNTTグループの成長につながるというポジティブな説明がなければ、今回の子会社化は実現しませんでした。

今後はドコモが通信とスマートライフ事業を担い、法人事業はコミュニケーションズ、ソフトウエア開発はコムウェアに集約し、これらをひとつの新ドコモグループとして意思決定を早めていくことが重要です。経営を一体化することでそれぞれのリソースを法人事業や通信事業など必要なところに迅速に振り向けていくことができるようになります。

業務委託とは違って、子会社なら上流工程の戦略から開発まで一気に進めることが可能です。合併という形をとらなかったのは、機能別の会社にしておいた方が現場での意思決定が早いと考えたからです。なんでもドコモの社長が決めるということではなく、それぞれの社長が決めることで意思決定は早くなります。事業ドメインを明確化しておきたいと考えました。

――2025年度までの中期経営目標について教えて下さい。

通信事業領域では料金引き下げの影響から減収トレンドが続くと考えています。新ドコモグループが飛躍するにはスマートライフ事業と法人事業の成長が必要不可欠です。スマートライフ事業では金融・決済、映像・エンターテインメントなどの既存事業を強化し、電力、XR、メディカルといった新規領域の拡大にも注力します。

法人事業では「モバイルファースト」「クラウドファースト」を掲げ、日本の社会および産業にイノベーションをもたらしていきます。3社を合わせた20年度の法人事業売上高は約1・6兆円ですが、25年度には2兆円以上を目指します。その結果としてスマートライフ事業と法人事業を合わせた売上高比率を新ドコモグループ全体の50％以上にしたいと思っています。

――今後、ＮＴＴ東西との関係はどうなるのでしょうか。

ＮＴＴ東西が保有する固定のアクセス網はほぼ独占に近い領域になります。ＮＴＴ東西は特定の会社を優遇せず、公正に同一条件で回線を提供するというミッションを背負っています。つまりドコモとＮＴＴ東西の関係は基本的に変わらないという認識です。５Ｇが今後普及していけば無線がアクセスの主役になると考えています。無線基地局とアンテナのバックホールサービスはＮＴＴ東西が各通信事業者向けに平等に提供するサービスですが、ドコモはその上で競合優位性の高いネットワークやサービスを「モバイルファースト」で構築したいと考えています。

――持株会社の澤田社長と井伊社長との関係について教えて下さい。

澤田とはＮＴＴ分割の時にも一緒に仕事をしたことがありますが、澤田は世の中のトレンドを理解して新しい方向性を決められる「ビジョナリーな人間」だと思っています。将来のビジョンを掲げ、研究所や各事業会社の役割分担を迅速に見極め、ＧＯサインを出す決断がとにかく早い。やるかやらないかを決めるのに時間をかけるのは意味がないと言っています。もたもたしていると海外の有力企業に抜かれてしまうという考えを常に持っています。

私はドコモという事業会社に来たので、研究所の研究成果をいかに早く「モバイル」や

「クラウド」の事業に落とし込むかが仕事です。ＮＴＴの新しい光情報通信基盤「ＩＯＷＮ（アイオン）」の実現もそうです。澤田は新しいビジョンを掲げ、私はそれを実行していく、そういう役割分担の関係にあると思っています。

第2部

進むグループ再結集

第1章

「ドコモ・コム・コム連合」の誕生

固定と移動の融合サービス狙う

「ドコモはコミュニケーションズやコムウェアなどのグループ会社の能力を活用し、新たなサービス、ソリューション事業に力を入れる。6Gを見据えた通信基盤を移動・固定融合型で推進し、上位レイヤービジネスまでを含めた総合ICT企業への進化を目指す」

2020年9月、NTT社長の澤田純はNTTドコモを100%子会社化すると発表した記者会見で狙いをこう語った。ドコモを子会社化するだけでなく、グループの長距離通信会社、NTTコミュニケーションズと、ソフトウエア開発会社のNTTコムウェアも統合し、新しいドコモグループを作っていくと発表した。

ドコモは移動通信サービスを提供し、個人向けのビジネスに強みを持つ。NTTコミュニケーションズは固定通信回線を中心に法人向けビジネスに携わっている。コムウェアは主にNTTグループ企業向けのソフトウエア開発事業を担う。この3社を一体化することで、移動・固定の融合型サービスを新たに開発する狙いだ。

特に法人向けのデジタルトランスフォーメーション（DX）事業を強化する一方で、NTTグループが持つネットワークや建物、情報技術（IT）基盤のリソースを最適化し、コストの削減にも努める考えだ。社内では3社の融合を表す言葉として「ドコモ・コム・コム（DCC）連合」とも呼ばれている。

澤田は当初、ドコモの完全子会社化を成功させた後、「DCC連合」も21年夏までに完了させる計画を立てていた。ところが放送事業会社の東北新社に端を発した「総務省接待問題」に関するメディアの矛先がNTTグループにも及んできたことから、延期を余儀なくされた。もちろんNTT統合の動きに強い警戒感を抱くKDDIやソフトバンクによる猛烈な巻き返しがあったことも影響している。

実はDCC連合の青写真は20年12月に開催された総務省の有識者会議でも一度公表されたことがある。「NTTドコモ完全子会社化後の連携強化に関する検討の方向性」と題した資料には、今後に向けたNTTグループの戦略がかなり細かに示されていた。内容は以下の通りだ。

●NTTコミュニケーションズとNTTコムウェアを21年夏をメドにNTTドコモの100％子会社とする。

●22年春~夏頃をメドにNTTドコモ、NTTコミュニケーションズなどの機能の整理を行う。

●個人向け営業はNTTドコモを中心に展開する。仮想移動体通信事業者（MVNO）事業やインターネットサービスプロバイダー（ISP）事業については、NTTコミュニケーションズが仮想固定通信提供者（VNE）事業を行い、NTTレゾナントが個人向けに展開する。

●法人向け営業はNTTコミュニケーションズが一元的に対応する。移動固定融合型の新サービスを提供する。

●NTTコムウェアは新ドコモグループのソフトウエア開発を支援する。

統合後の新ドコモグループは個人向け事業をドコモに集中させ、法人向け事業はNTTコミュニケーションズに集中させたいという意図が見られる。

NTTコミュニケーションズ社長の丸岡亨も「新ドコモグループの中では法人事業を担当するのはNTTコミュニケーションズだと明確に整理している。ドコモの井伊社長からも『法人事業はそちらでしっかりやって欲しい』と言われている」と語り、ドコモとコミュニケーションズで役割分担する形だという。

法人向け移動通信サービスに活路

ＮＴＴグループの中でこれまでも法人事業を中心にしていたのはＮＴＴコミュニケーションズだが、競合他社に比べると移動通信サービスが提供できないという弱みがあった。

移動通信サービスはドコモの担当領域だったことから、スマートフォンなどを含めたソリューションはＮＴＴコミュニケーションズとして開発提供することが難しかった。法人向けに成長が期待できるＤＸ事業を推進していくうえで移動通信サービスを提供できないことが大きな足かせとなっていたのである。

新ドコモグループの「ＤＣＣ連合」が実現すれば、移動・固定通信を組み合わせた新しいサービスやソリューションを開発することが可能になる。すでにそうしたサービスを提供できる体制にあるＫＤＤＩやソフトバンクなどとも法人ＤＸ事業の分野で対等に戦うことができるようになる。

またＮＴＴドコモは携帯端末の位置情報から人々の流れをとらえる「モバイル空間統計」という技術を提供しており、そうした技術もＮＴＴコミュニケーションズにとっては非常に魅力的だ。ＤＸ事業でもとりわけスマートシティなどの分野では人間の行動データが重要な鍵となる。モバイル空間統計のデータを使ったソリューションを提供できるようになれば、ＤＸ事業に拍車がかかることは間違いない。

統合により、ドコモとコミュニケーションズによる法人市場での競合やぶつかり合いがなくなることも見逃せない。ドコモはこれまで個人向けの携帯事業が中心だったが、個人市場が飽和しつつあることから、最近は法人向け市場にシフトしている。そこで案件の獲得を巡ってコミュニケーションズと競合することもあったからだ。こうしたバッティングがなくなるだけでも、両社が統合する意味は大いにあるといえる。

こうしたドコモとコミュニケーションズ、コムウェアの統合については、21年10月、ドコモ社長の井伊、コミュニケーションズ社長の丸岡、コムウェア社長の黒岩真人がそろって記者会見し、今後の事業統合の方向性について説明した。

それによるとコミュニケーションズは22年1月をもってドコモの100%子会社となり、コムウェアはドコモが66・6%の株式を保有する子会社となる。残りの33・4%は引き続きNTT持株会社が保有し、3社は経営統合する形となる。

新ドコモグループはこうした経営統合により、25年度にはNTTの連結営業利益ベースで2000億円超の増益を目指す計画だ。ドコモ・コム・コムの3社を合計した法人事業の売上高は20年度で約1兆6000億円だが、これを25年度には25%増の2兆円に持っていこうとしている。

警戒するKDDI、ソフトバンクが巻き返し

ＮＴＴによる総務省幹部への接待問題によって勢いづいたのがライバルのＫＤＤＩやソフトバンクなどだ。両社はドコモの完全子会社化を発表した20年9月から、ＮＴＴグループの再編・統合の動きに対し強い警戒感を示していた。

20年11月には統合反対の趣旨に賛同する会社とともに「ＮＴＴ持株会社によるＮＴＴドコモ完全子会社化に係る意見申出書」を総務大臣に提出。その中で「ＮＴＴによるドコモの完全子会社化により公正な競争が阻害される」と主張、総務省に対しＮＴＴを交えた公開討議の開催などを求めた。

ＮＴＴ持株会社によるドコモの完全子会社化は阻止できなかったとしても、それ以上の再編・統合の動きについては何とか待ったをかけたい。意見申出書の内容からはそうしたＫＤＤＩやソフトバンクなどのあせりと本音がうかがえる。ＮＴＴによる総務省幹部への接待問題がメディアで表面化したのはそれから4カ月後のことだった。

メディアの報道があった翌月の21年4月、ＫＤＤＩ、ソフトバンクを含めた21社は接待疑惑報道の直前に公表されたドコモグループ再編に関する「公正競争確保の在り方に関する検討会議」の報告書案に対し、連名で意見書を提出した。

その中で、ドコモの完全子会社化について行政対応が歪められていなかったか徹底して真

相究明すること、真相究明が果たされるまでドコモグループの再編が一方的に進まないよう総務省が徹底して指導することなどを求めた。接待報道により国民世論がNTTと総務省との関係に疑念を抱いている状況をうまく利用しようとした。

だが、こうしたライバル各社の要請については「総務省には法的根拠がないのではないか」といった専門家の見方もあった。

というのも1985年に民営化されたNTTには政府が3分の1以上を出資しており、総務大臣が取締役の選任などを認可することになっているが、NTT法の規制がかかっているのは持株会社とユニバーサルサービスの対象となる電話網を提供している東日本電信電話（NTT東日本）と西日本電信電話（NTT西日本）のみだ。

携帯事業を営むドコモや長距離通信会社のコミュニケーションズについてはNTT法などに関連した会社の体制に関する法的な規制はない。特にソフト開発会社であるコムウェアにはNTT法の規制はまったく及ばないからだ。

半年遅れで「ドコモ・コム・コム」統合が実現

21年8月、NTTの21年度第1四半期の決算発表会見で、澤田は「ドコモ・コム・コム（DCC）」の統合が当初予定の21年夏の予定から遅れることを認めた。

今後のスケジュールの見通しについては「総務省の『公正競争確保の在り方に関する検討会議』の結果を経て、それに基づいて対処しながら実施したいと考えている」と述べ、総務省側の結論が出るのを待つ姿勢を示した。

一方で「ドコモの下にコミュニケーションズとコムウェアを置くのにそんなに手間がかかるわけではない」とも発言し、有識者会議の「ゴーサイン」が出れば速やかにDCC統合を実行に移す意欲をにじませた。

そして21年10月11日、総務省の「公正競争確保の在り方に関する検討会議」の最終報告書が公表される。報告書は競合他社が主張した「法人向けサービスにおけるNTTグループの市場支配力についての検証強化が必要である」という意見に対し、市場支配的な事業者に対する禁止行為を定めた電気通信事業法第30条の条項を引き合いに出し、「ドコモが法人市場に与える影響力については事業法第30条で規制されている」とだけ指摘し、DCC統合に待ったをかける内容は記載しなかった。

これを受けて10月25日、NTTドコモ社長の井伊基之は、コミュニケーションズ社長の丸岡とコムウェア社長の黒岩と一緒に記者会見し、22年1月のDCC統合を正式に発表した。統合は2ステップで行う予定で、まずは年初に経営を統合し、22年度第2四半期をメドに事業の統合・整理を行うとしている。

ドコモとコミュニケーションズとの間では、法人向けのデジタルトランスフォーメーション（DX）やローカル5Gなど連携できる事業は極めて多い。ドコモ社長の井伊とコミュニケーションズ社長の丸岡との間でその認識はしっかり共有できているが、現場レベルでそうした連携が進むかどうかは今後の対応次第だ。

持株会社社長の澤田も「組織統合より連携のシナジーを出していく方が時間を要する」と認めるように、3社の統合作業を今後どれだけスムーズに進めていけるかがDCC連合の成否を左右する。

DX事業促すデータ利活用基盤「SDPF」

オフィス、商業施設、市役所、病院、イベント会場など、あらゆる施設に高速通信規格の「5G」のネットワークが張り巡らされ、統合ID化された顔認証で本人確認ができれば、ユーザーの手を煩わせることなく自動化された生活を送れる。そうした情報通信インフラを提供しようというのがNTTの目指すDX事業のひとつだ。

グループ各社の総力を挙げ、そうしたインフラ作りを推進しようとしており、その軸となるのがNTTコミュニケーションズが19年9月に提供を開始したデータ利活用のためのプラットフォーム「SDPF（スマート・データ・プラットフォーム）」だ。

ＳＤＰＦは工作機械大手のファナックやコンビニエンスストア大手のセブン－イレブン・ジャパン、ゼネコン大手の大林組や鹿島建設、中部電力などの大手企業に着々と導入が進んでいる。23年度には当初の予定を一年前倒しし、ＤＸ関連事業で年商１０００億円の達成を目論んでいる。

ＳＤＰＦには「データマネジメント基盤」「データセキュリティ」「フレキシブル・インターコネクト」「ストレージ」「データインテグレーション」と呼ばれるＮＴＴコミュニケーションズの様々な技術をサービスメニューとしてラインアップしている。顧客はこれらの中から自社に必要な機能を柔軟に組み合わせ、ワンストップで利用可能にしていることが大きな特徴だ。

こうしたＮＴＴコミュニケーションズが提供するアプリケーションに加え、ほかの企業が提供するデータ利活用のアプリケーションもＳＤＰＦと連携して利用できる仕組みとなっている。ＳＤＰＦを構成する主要なサービスは以下の通りだ。

●データマネジメント基盤

ＮＴＴデータが提供する情報活用基盤「ｉクアトロ（iQuattro）」をＮＴＴコミュニケーションズのシステムと連携できるデータマネジメント基盤。企業が社内外に抱えるデータの収集・統合・管理・可視化・分析が可能。複数の企業を横断した在庫管理や製造管理の最適化など新たな価値を創出できる。

●データセキュリティ

企業が持つ個人情報などの機密データを匿名加工情報化できるサービス。複数のクラウドを並行して利用するマルチクラウド環境においても、情報のセキュリティやガバナンスを確保しながら、安全にデータを利活用できる。

●フレキシブル・インターコネクト

複数の事業者が提供するクラウド、データセンター、ＳａａＳ（ソフトウエア・アズ・ア・サービス）などの間でデータをセキュアに流通させるための接続基盤。外部のネットワークとも社内の閉域網を接続し、オンデマンドで柔軟に情報リソースを組み合わせることが可能。ネットワークの帯域設定やルーティングの設定も簡単にできる。

●ストレージ

業界最安水準のオブジェクト（目的）型のストレージサービス「Ｗａｓａｂｉ（ワサビ）

オブジェクトストレージ」。ディレクトリ構造で管理する従来のファイルストレージとは異なり、データサイズやデータ数に制限がない。IoT機器のセンサーデータや画像データなど大容量の非構造化データなどを低コストで蓄積管理できる。

●データインテグレーション

統合基幹業務システム（ERP）などオンプレミスのシステムと様々なクラウド環境にまたがるデータを収集・統合・蓄積・管理できるデータ・インテグレーション・プラットフォーム。米情報管理ソフト大手のインフォマティカが提供する各種ソリューションをNTTコミュニケーションズのクラウド型情報管理基盤を通じて提供している。

ユーザー目線に立ったDXモデルを構築

SDPFを導入すれば、契約や請求、GUI（グラフィカル・ユーザー・インターフェイス）、ID体系などを一本化し、ユーザーの使い勝手が一段と向上する。

「これからはサービスごとにIDやパスワードを設定したりする必要がなくなり、一気通貫に利用できる」とNTTコミュニケーションズでDX事業の推進役を務めてきた社長の丸岡亨は20年7月、新社長に就任早々こう指摘した。

九州大学法学部を卒業し、1982年に電電公社に入社した丸岡は、NTT持株会社の広報室長などを経て、2011年にNTTコミュニケーションズの第一営業本部長に就任。顧客向けの様々な情報サービスを手掛けてきた経験から、新しいデータ活用基盤の「SDPF」についても太鼓判を押す。

NTTコミュニケーションズはこれまでクラウドやネットワーク、セキュリティなどの様々な情報サービスを提供してきており、それらをデータ利活用基盤としてまとめたのがSDPFだが、当初は様々なサービスごとに異なるIDやパスワードを設定する必要があった。多くの機能をひとつの基盤に載せようとした結果、ユーザー側から見ると、何ができるのか何の機能を選択したらよいのかわかりにくかったからだ。

丸岡は「これまではいかに多くの機能をそろえるかということに力を入れてきたが、それだけではデータの利活用を促すことはできない。ユーザーが必要とする技術やニーズは分野によって異なる」と指摘し、「これからは『SDPFフォー・シティ』や『SDPFフォー・ヘルスケア』といった具合に業界や業種別に用途を分類し、必要な機能をパッケージとして提供していく」と語る。

そうしたユーザー目線に立ったソリューションを開発しようとしていた矢先に浮かび上がってきたのが、法人事業におけるドコモとコミュニケーションズとの一体化計画だった。

ＳＤＰＦを核としたＤＸ事業を顧客に広めるには、こうしたグループ企業との連携はむしろ大きな援軍になると考えた。

ＮＴＴがグループとしてＤＸ事業に専念する方針を示したのは２０１８年11月のことだ。「ユア・バリュー・パートナー２０２５」と題した中期経営計画の中で２つのスローガンを掲げた。

「お客様のデジタルトランスフォーメーションをサポート」
「自らのデジタルトランスフォーメーションを推進」

グループ各社はこれを機に先を競うようにＤＸ関連のサービスやソリューションの開発・提供を始めた。ＤＸを推進するうえで最も重要なのがデータの利活用であり、データこそがデジタル化の基礎となるが、単にデータを収集するだけではただの数字の羅列でしかない。データの収集・蓄積・管理・分析をすべて行うことで初めて価値を生む。

そこでデータの利活用をキーワードに新たなＮＴＴコミュニケーションズの柱となるブランドを作ろうと最初に考えたのが同社の経営企画部メンバーだった。主力事業の音声・ネットワーク事業が２０１０年頃から縮小し、将来に危機感を抱いていた時に、あるコンサルティング会社からSDPFの雛型となる企画の提案を受けた。

実務を預かるクラウドサービス部やネットワークサービス部などは当初、「経営企画部やコンサルティング会社が机の上で考えたようなものが果たして本当にうまくいくのか」と外部からの提案には極めて懐疑的だった。

最終的には経営企画部が前社長の庄司哲也から承認を取り付け、NTTコミュニケーションズとしてのデータ利活用基盤づくりを目指すことで社内意見の一本化に成功した。サービス部門もどうすれば顧客の役に立つ情報利活用基盤ができるのか、社内で真剣に考えるようになった。

こうしてコミュニケーションズは18年から「データ利活用を支えるサービス群」の開発に本格的に着手し、1年後にはSDPFの原型となるサービスの提供開始にこぎつけた。提供開始直後の記者会見では、庄司が「SDPFをNTTコミュニケーションズの新しい成長のエンジンにしていきたい」と新たなビジョンを語った。

NTT東西やドコモなどが相次ぎ結集

固定回線事業を手掛けるNTT東西や移動通信サービスを提供するドコモなどNTTグループ各社が抱えるデータの量はいうまでもなく膨大だが、実はこれまでNTTのグループ内でデータの利活用はまったくできていなかった。

そこでＳＤＰＦを各社が導入し、分析や活用ができる仕組みを実現する計画だ。ＳＤＰＦの利用が進めば、ＮＴＴグループ自身のＤＸが進展し、大きな価値を生み出すことができる。

もちろん、そうした歩みはまだ始まったばかりだ。グループ各社の足並みをそろえることが最初の大きな課題で、各事業会社のトップもそれは認識している。ＮＴＴの分割によりグループ各社がそれぞれ独自性を打ち出そうとした結果、新規事業でグループの連携が図れなかったという苦い経験も過去にあるからだ。

そうした苦い経験のひとつが２０１２年にＮＴＴコミュニケーションズが提供を開始したパブリッククラウドサービスの「Ｃｌｏｕｄｎ（クラウド・エヌ）」だ。

コミュニケーションズは新規事業開拓の一環として08年にクラウド基盤事業に参入、同年7月から「ビズシティ・フォー・ＳａａＳプロバイダー」と呼ぶＳａａＳの基盤サービスを開始した。「Ｃｌｏｕｄｎ」はその延長線にあるクラウド事業だが、20年12月末でサービスを終了した。

「Ｃｌｏｕｄｎ」は当時、日本を代表するＮＴＴグループが満を持して提供するクラウドサービスということで、アマゾンの「アマゾン・ウェブ・サービシズ（ＡＷＳ）」やマイクロソフトの「Ａｚｕｒｅ（アジュール）」に対抗しうる国産クラウドサービスとして大きな期待が寄せられたが、事業展開では彼らのスピードに追い付いていくことができなかった。

グループ内の縦割り打破が課題に

鳴り物入りで登場した「Ｃｌｏｕｄｎ」の契約件数は約５０００件にとどまり、世界のＩａａＳ（インフラストラクチャー・アズ・ア・サービス）市場を席捲するＡＷＳやアジュール、グーグルの「グーグル・クラウド・プラットフォーム」の3強には対抗することができなかったのである。

こうした結果に終わったのは、先行する競合3社の開発力やスケールメリットに太刀打ちできなかったのが最大の理由だが、一方でＮＴＴグループ内の縦割りによる弊害を指摘する声もある。ＮＴＴコミュニケーションズがＣｌｏｕｄｎを一生懸命販売している横で、ドコモは自社の業務システム基盤にＡＷＳを採用し、ＡＷＳにとってもドコモが日本市場における最有力顧客のひとつとなっていたからだ。

またコミュニケーションズがＣｌｏｕｄｎのサービスを開始した当初、ＮＴＴ東西は主要顧客である中小企業にまだパブリッククラウドの導入が進んでいなかったことから、Ｃｌｏｕｄｎの積極的な拡販活動には動こうとしなかった。ＮＴＴデータも顧客に応じて

ＡＷＳを絡めたソリューションを勧めるなど、グループが一体となってＣｌｏｕｄｎを育てていこうという雰囲気にはなかった。

今回、ドコモによるコミュニケーションズやコムウェアの子会社化が実現したことで、ＮＴＴグループの一体感は一気に盛り上がっている。特に「新ドコモグループ」と呼ばれる「ＤＣＣ連合」の動きには大きな関心が集まっている。

コロナ禍で進むデータの利活用

ＮＴＴがグループの総力を挙げてデータの利活用を促す基盤づくりにとりかかった２０２０年初め、新たな試練が世界を襲った。中国湖北省武漢市にあるウイルス研究所から端を発したといわれる新型コロナウイルスの感染拡大である。

世界で2億人以上が感染し、５００万人以上の犠牲者を出した新型コロナウイルスにより、日本でも会社への通勤や学校への通学にストップがかかり、ビデオ会議システムなどによるリモートワークやリモート授業などが当たり前となった。

飲食業界や旅行業界は壊滅的な打撃を被ったが、一方でネットワーク技術を活用した新しいオンラインサービスが次々と登場した。デジタル技術により既存のビジネスモデルを抜本的に見直すデジタルトランスフォーメーションが様々な分野で加速し始めたのである。

オフィスではビデオカメラによる顔認証で従業員の出退時間管理を行うようになり、エレベーターに乗る際も行き先階のボタンをタッチしなくても自動的に目的の階まで連れて行ってくれるようになった。空調や照明なども人々の存在を感知して、自動的に調節してくれるシステムも導入された。

スーパーやコンビニエンスストアといった商業施設では無人化の実証実験が進んでいる。これが実用化されれば顔認証技術により来店客を確認し、顧客側も買いたい商品を手に持って店を出るだけで自動的に決済ができる。これまで店を悩ませてきた「万引き」などもデジタル技術によって解決できるようになる。

病院など医療機関でも電子カルテやオンライン問診票などが導入され、医療スタッフの事務作業は大幅に効率化されつつある。顔認証による来院者の自動受付や決済ができるようになったことで、今後は病院での待ち時間は大幅に短縮されるだろう。

スポーツや音楽などのイベント会場でも紙のチケットを持参しなくても顔認証で入場できるようになり、チケットを発行する手間が省けるだけでなく、来場者も長時間並ばなくてよくなる。顔認証技術はＶＩＰ客やブラックリストに記載された人物をいち早く判別するといったことにも使えるに違いない。

様々なデータの連携や分析に使えるＳＤＰＦのサービスは、まさにこうした現場でのＤＸ

を促す重要な技術といえるだけに、ＮＴＴもグループの垣根を越えて新しい情報の利活用基盤として提供していこうとしている。

丸岡は「よくＧＡＦＡと比較されるが、ＧＡＦＡと戦うのが我々の目的ではない」と指摘する。ＳＤＰＦが目指しているのは、これまでＧＡＦＡが得意としてきたデータの利活用をＮＴＴとしても推進し、ＧＡＦＡより安心・安全に使えるデータ利活用基盤を提供することだという。

第2章

世界の研究所を再編

米国ではＮＴＴリサーチに一本化も

国内のデータ利活用基盤「ＳＤＰＦ」を実現する一方で、ＮＴＴが打ち出したもうひとつの新しい光情報通信基盤「ＩＯＷＮ」を実現するには、グループ各社が持つ研究開発能力の集約化も目指していかねばならない。海外で買収した子会社の統合と並行し、ＮＴＴ持株会社社長の澤田が打ち出したのがグローバルな研究所の再編だ。

世界の通信業界ではモバイルとインターネットへの技術シフトが進む中で、新しい技術の研究開発をあきらめ、外部企業に研究開発機能を依存する通信事業者が増えてきた。そうした中でＮＴＴはずっと基礎研究を怠らず、それがあったからこそ「ＩＯＷＮ」という新しい構想が生まれてきた。

欧州の通信事業者は携帯分野の有力通信機器メーカーであるフィンランドのノキアやスウェーデンのエリクソンなどが提案する技術をそのまま使うことで効率的なビジネスを展開してきた。一方、「ＧＡＦＡ」に象徴される米国の大手ＩＴ企業は日本円にして数兆円単位で情報通信分野の研究開発に資金を投入し、今日の世界的な情報プラットフォーマーの座を築いてきた。

ＮＴＴが目指すＩＯＷＮ構想は通信機器メーカー主導になってしまった基礎研究開発をもう一度、通信事業者の手に取り戻そうという戦略にほかならない。

こうした背景からＮＴＴは21年9月、米シリコンバレーにあるＮＴＴの研究開発拠点、「ＮＴＴリサーチ」を同じシリコンバレー内のサニーベール市の新社屋に移転した。

床面積は従来拠点と比べて2割以上広い約４０００平方メートルで、２５０人の従業員が収容可能だ。移転はＮＴＴグループ各社がシリコンバレーにそれぞれバラバラに構えていた研究開発拠点を一体化していくのが狙いで、24～25年をメドにＮＴＴリサーチの新社屋にすべての研究開発機能を集める計画だ。

ＮＴＴリサーチは澤田が社長に就任した翌年の19年7月に設立した研究開発拠点だ。もともとはシリコンバレーの様々なベンチャー企業との連携を図るインキュベーションセンターだったが、ＮＴＴ自身が新しい技術をゼロから作り上げていく方針にシフトしたことで、ＮＴＴリサーチが米国における研究開発の最前線部隊となった。研究予算は年間約２０００億円と、世界の通信事業者の中でも抜きんでている。

NTTリサーチの五味和洋社長

年収1億円の人材が集まる拠点に

ＮＴＴリサーチは光の量子コンピューター、暗号ブロックチェーン、医療情報分野といった３つの分野で最先端の基礎研究を手掛ける。それぞれの分野で最先端の技術を開発するため、ＮＴＴリサーチには各研究分野の権威を米国の著名大学などから引き抜き、トップに据えた。当然、人件費は高くなる。ＮＴＴリサーチ社長の五味和洋は「基礎研究は人材がすべてと言っても過言ではない」と強調する。

澤田もこれに応えるように「今後の熾烈な人材獲得競争を制するためには、日本（のNTTの研究拠点）ではエキスパートでも年収は2000万円程度だが、米国ではその5倍を超えるケースも出てくると思う」と語る。年収1億円を超えるNTT社員が誕生する日もそう遠くないかもしれない。

光技術研究のトップを集める

NTTリサーチの研究者にはスタンフォード大学名誉教授の山本喜久や、レーザーポインターを開発したことで知られる同大学のロバート・バイヤーなど、光技術に関する権威を迎え入れている。

量子コンピューターは量子力学の現象を情報処理技術に応用することで、従来のコンピューターよりも複雑な計算を解くことができる。従来のコンピューターの情報単位は「0」もしくは「1」のどちらか一方を表す「ビット」だが、量子コンピューターでは「0」と「1」のどちらでもありうる「量子ビット」を扱い、その重ね合わせ状態を利用して並列計算している。

量子コンピューターにはIBMなどが研究しているゲート型と、富士通などが開発しているリーディングもしくはネットワーク型と呼ばれるものの2種類がある。ＮＴＴが力を入れているのは後者の方で、組み合わせ最適化問題を高速で解くことに適した新技術だ。この方式は通常、絶対零度に近い温度でなければ動かないが、光を使った量子コンピューターが実現できれば常温でも動くメリットがあるという。

世界の学会では「暗号のＮＴＴ」との評価も

暗号技術開発の分野では、日本のＮＴＴ社会情報研究所で約40年間にわたり暗号研究に携わってきた岡本龍明を中心に研究に取り組んでいる。国際暗号学会（ＩＡＣＲ）での発表件数が他の研究機関と比べて圧倒的に多く、「暗号のＮＴＴ」のブランドが国際的に確立しつつある。

医療情報分野の基礎研究では、米製薬メーカーのファイザーに18年間在籍していたジョー・アレクサンダーを迎え、人間の臓器などをデジタル技術でモデル化し、シミュレーションや予測などを可能にする「バイオデジタルツイン」技術などを研究している。

ＮＴＴはＩＯＷＮ構想の構成要素のひとつとなるバイオデジタルツイン技術の開発を促す「医療健康ビジョン」を20年11月に打ち出しており、アレクサンダーをその主役に据えている。サイバー空間上に人それぞれの身体を再現するバイオデジタルツインを実現すれば、心身の状態を予測できるほか、個々人に対する投薬や手術などのシミュレーションを行い、治療効果の最大化などが期待できる。

また血管の中に入れる治療用のバイオミクロロボットの制御など、人間の体内と体外とを通信でつなぐことによって治療することも可能だという。ＮＴＴリサーチでは特に急性の心不全や心筋梗塞をターゲットとして研究を進めている。

バイオデジタルツインのように人間の精緻なレプリカを作るにはより多くの情報を処理する必要がある。その解決策のひとつとして量子コンピューターの活用が非常に重要になっていくというわけだ。

日米両国で研究体制を補完

ＮＴＴリサーチが取り組むこうした3分野の研究開発を支援しているのが日本国内の研究企画部門だ。ＮＴＴの国内研究所は主に３つあり、東京都武蔵野市と神奈川県横須賀市のほか、光技術などを得意とする物性科学基礎研究所が神奈川県厚木市にある。

量子コンピューター研究を支援しているのは厚木の「ＮＴＴ物性科学基礎研究所」で、暗号ブロックチェーンは武蔵野市と横須賀市にある「ＮＴＴ社会情報研究所」が補完している。21年10月には量子コンピューターの基本原理を解明する「基礎数学研究センタ」も新設した。

ＮＴＴリサーチの研究員数は21年6月現在で36人で、うち12人は北米出身の研究者だ。暗号分野に関してはほとんどの研究員が米国の大学で博士号を取得しているなど、シリコンバレーに研究拠点を置くことで優秀な人材を確保できている。

その意味ではＮＴＴリサーチはＮＴＴグループの基礎研究のメッカといえる。ＮＴＴグループでは、技術やサービスのすべてのブレイクスルーは「ＮＴＴが持つ基礎研究から発信され、差別化をはかるポイントは基礎研究の力がなければ自立できない」といった考えを持っている。

ＩＯＷＮ構想はＮＴＴが得意とする光技術を基礎にしているが、ＮＴＴリサーチの研究はＩＯＷＮよりもさらに未来を見据えた光の量子コンピューターに焦点を当てており、「かなり先を狙っている」と社長の澤田は期待を寄せる。

そうしたＮＴＴリサーチの運営を統括しているのがＩＯＷＮ構想の担い手でもあるＮＴＴ持株会社の常務執行役員研究企画部門長の川添雄彦だ。ＮＴＴリサーチの現地責任者と月一度はオンラインでミーティングを行っているほか、日本の各研究所とも密接にコミュニケーションを交わしている。澤田を含めたグループ各社のマネジメント層とも3カ月から半年に一度は意見を交わしているという。

「IOWN総合イノベーションセンタ」を国内に新設

国内では21年5月にNTT持株会社直轄の4番目の研究所として「NTT　IOWN総合イノベーションセンタ」を設立した。これまでの研究所はR&D（研究開発）の「R（リサーチ）」を行いつつ「D（デベロップメント）」も担うという形態になっていた。しかしIOWNの研究開発では「特に開発の方に集中的にリソースを集めて実行していかなければならない。リサーチは徹底的に行うが、いち早く開発を進めていかないと世界に負けてしまう」と川添は指摘する。

そこで国内にある従来の3つの研究所、すなわち「NTTサービスイノベーション総合研究所」「NTT情報ネットワーク総合研究所」「NTT先端技術総合研究所」に研究活動を専念させ、新設した「IOWN総合イノベーションセンタ」は開発を行う研究所としてすみ分けていく方針だ。センタ長には元富士通副社長の塚野英博を招聘し、外部からも人材を迎え入れることでメーカーともスムーズに連携できるようにしている。

NTT持株会社がIOWN総合イノベーションセンタを設立したのと並行し、NTTドコモは「6G－IOWN推進部」を新設、NTTデータも「IOWN推進室」を新たに設置し、NTTコミュニケーションズも「IOWN推進PT」を設置した。NTT東西はまだ人数は少ないが、チームレベルでIOWNを推進できる仕組みを作っており、NTTグループ

図表2-1　NTTの主な研究所の構成図

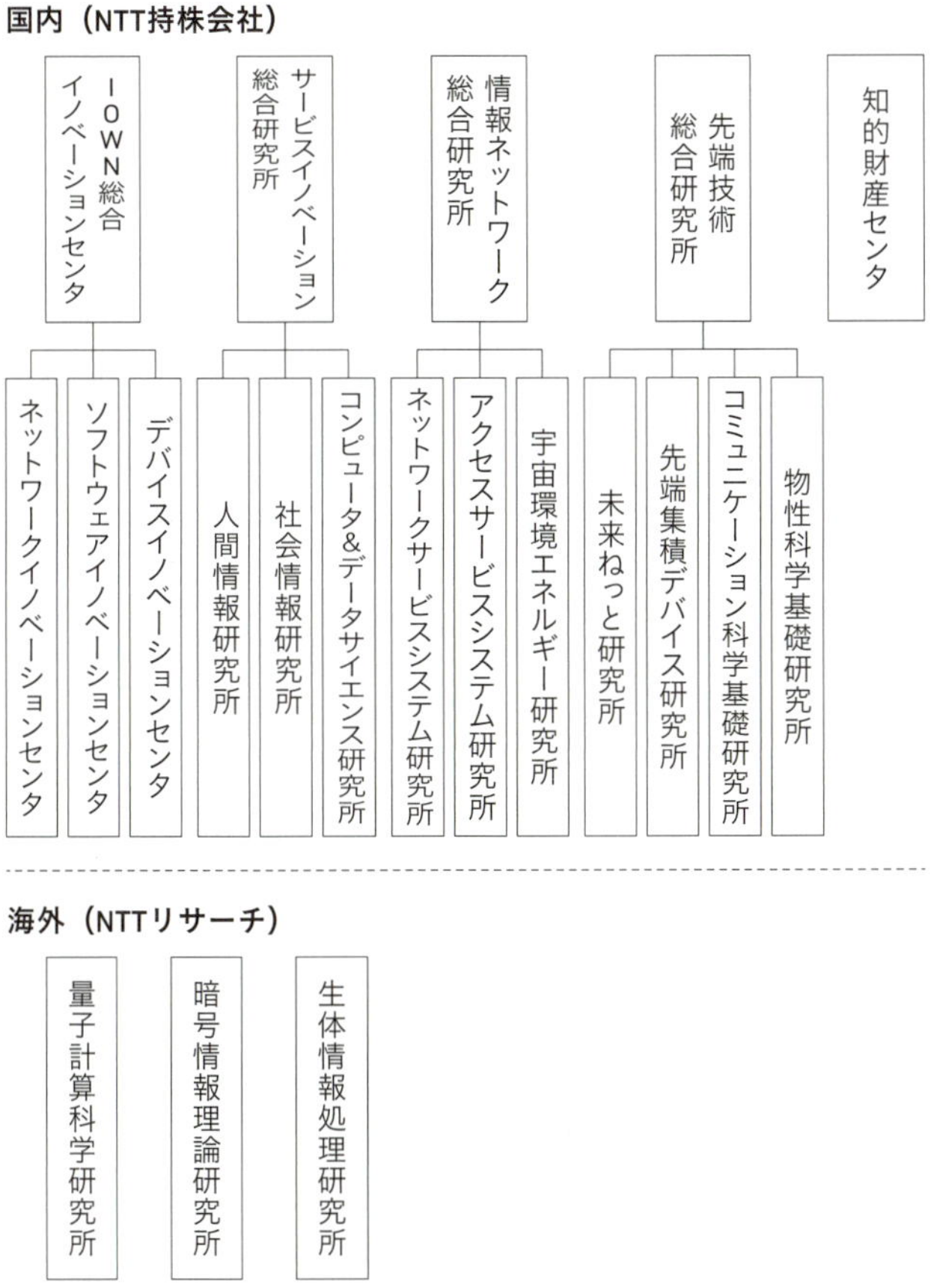

出所：NTT資料より

の総力を挙げてＩＯＷＮ構想を推進していく考えだ。

研究開発予算の金額では数兆円単位で資本を投じているＧＡＦＡには及ばないが、ＮＴＴが持つ国内外の研究拠点を上手に集約し役割を明確化することによって、ＩＯＷＮ構想の実現や実装を促すサービス開発までできるようにしようとしている。

第3章

ＮＥＣ、富士通と世界市場を攻略

２０２０年6月、ＮＴＴはＮＥＣと共同で「革新的光・無線技術を活用したＩＣＴ製品の共同研究開発及びグローバル展開で提携」という内容の新戦略を発表した。

この発表に誰もが驚いたのは、最先端の通信技術を開発するためにＮＴＴがＮＥＣに対し約６４５億円を出資するというニュースだった。ＮＥＣは電電公社時代から通信機器をＮＴＴに納め、富士通などと一緒に「電電ファミリー」とも呼ばれたが、関係はそれぞれ独立した会社であり、ＮＴＴはあくまで大口顧客にすぎなかった。

ところが今回は両社が資本業務提携し、ＮＴＴからＮＥＣへの出資比率は5％近くにもなり、ＮＴＴがＮＥＣの第3位大株主となったのである。技術を共同で開発するだけなら、何も資本関係まで結ぶ必要はない。株式市場では「電電ファミリーの再来」ともいわれたが、ＮＥＣ側が出資を受け入れたのはＮＴＴがこれから打ち出す戦略に運命を託すという強い意思表示でもあった。

NECの新野社長（左）と握手する澤田NTT社長

　20年6月にそろってオンラインでの記者会見に臨んだＮＴＴ社長の澤田純と当時ＮＥＣ社長の新野隆は記者からの質問にそれぞれこう答えた。

「新野さんとは２０１８年頃から色々な協業の可能性を検討してきた。ＮＥＣに出資するのは中長期の共同研究事業をスムーズに進めるためだ。両社の役割がはっきりしており、双方向の出資は必要ないと考えた」（澤田）

「資本提携についてはＮＴＴ側から提案があった。我々の経営の自主性は尊重されており、受け入れた資金は今後の技術や製品開発に活用したい」（新野）

　19年から世界的に導入が始まった高速通信規格「5G」の基地局整備では、スウェーデンのエリクソン、フィンランドのノキア、中国の華為技術（ファーウェイ）の3大通信機器メーカーが世界市場の8割以上を握り、NECのシェアはわずか1%にも満たない。

新野は会見で「これが最後のチャンスかもしれない」と語り、日本の通信業界が今こそ結束して世界市場に打って出なければ、二度と世界の通信市場で日本勢がポジションを取ることはできないという危機感をあらわにした。

一方、澤田は「メーカーとキャリアが一緒になって通信技術を開発するというのは恐らく世界で初めてのことだ」と強調、NTTとNECがそれぞれ持てる技術を持ち寄ることで、日本が再び世界の通信市場の表舞台に立ちたいという思いを語った。

その資本提携のきっかけとなったのが、NTTが推し進める新しい光情報通信基盤の「IOWN」構想であり、もうひとつが「Open RAN（オープン無線アクセス・ネットワーク）」と呼ばれる移動通信市場におけるオープンアーキテクチャーの普及促進活動だった。

「O-RAN」推進でNECとタッグ組む

「Open RAN（オープンRAN）」とは特定企業のハードウエアに依存せず、ベンダーフリーで構築した無線アクセスネットワークを表す。第4世代通信規格の「4G」の時代には、通信事業者は特定の通信機器メーカーから専用の通信機器一式を採用してネットワークを構築する垂直統合モデルが主流となっていた。

つまり通信事業者がある基地局ベンダーの機器を採用した場合、その他の装置についても同じ基地局ベンダーの仕様に準拠したものを導入しなければ全体が機能しないという仕組みだ。通信事業者は基地局などの装置を機能ごとに異なるメーカーから購入するということが難しくなり、ひいてはそれが通信システム全体のコストを引き上げる要因にもなっていた。いわゆる「ベンダーロックイン」という現象だ。

欧州やアジアの多くの通信事業者はもともと国営の通信会社からスタートしたところが多く、NTTも含め自前で様々な技術を開発していたが、通信事業が固定回線からグローバルに事業展開する移動通信の方に移っていくと、一握りの通信機器メーカーに技術開発の主導権を奪われるようになってしまった。

そうしたことからRAN開発の主導権を再び握りたいという通信事業者は多い。NECのように世界の通信市場から疎外されてしまった通信機器メーカーからすれば、通信事業者の技術のオープン化戦略を後押しすることで現行の大手通信機器メーカーから市場を奪い返したいという気持ちが強い。

NTTドコモなど世界の通信事業者が一緒になって18年2月にオープンRANを推進する

「O－RANアライアンス」という業界団体を立ち上げたのは、まさにそうした通信事業者や通信機器メーカーの声を取りまとめることが狙いだった。

通信のオープン化のカギ握る仮想化技術

オープンRANを実現するうえで重要な鍵のひとつとなるのが「仮想化」と呼ばれる技術だ。仮想化とはソフトウエア技術によって専用のハードウエアと同じ機能を実現する技術で、ネットワークを柔軟に構成できる。限られた量の物理リソースで、それ以上の機能を発揮することも可能だ。

この技術をネットワークに適用すると、「オートスケーリング」と呼ばれる需要に応じた通信処理リソースの調整が可能で、大容量の通信トラフィックをさばく必要のある5G通信にとっては極めて重要だ。

通信事業者としては、そうした仮想化を促すソフトウエア技術を確保すれば、特定ベンダーに依存しないRANを構築することができる。NTTはそれを実現しようと仮想化された「vRAN（バーチャルRAN）」の開発に協力してくれる通信機器メーカーを探していたが、自分たちの技術開発の主導権を奪われるような損な役回りを引き受けてくれる大手の通信機器メーカーはいなかった。

そこに現れたのがＮＥＣの当時社長だった新野だった。澤田は京都大学時代、アメリカンフットボール部に在籍していたが、同じ部の1年先輩が新野だったのである。ＮＴＴとＮＥＣが資本提携にまで進んだ背景には、こうした澤田と新野との間に育んだ個人的な信頼関係も大きく関係した。

一方、ＮＥＣにとってもＮＴＴからの資本業務提携の提案は渡りに船だった。ＮＥＣはマイクロ波による無線通信ではかつて世界市場でトップになったことがあるが、スマートフォンが普及するきっかけとなった4Ｇの時代に入ると、エリクソン、ノキア、ファーウェイの通信機器大手3社に大きく水をあけられるようになった。

強力なグローバルベンダーが支配する世界の通信市場に再び攻め込むには、彼らと異なる切り口で事業展開する必要があると新野らは考えた。そんな中で受けたＮＴＴの提案に乗らない手はなかった。

ＮＴＴとＮＥＣの共同開発によるｖＲＡＮの実現は早ければ22年を見込んでいる。かつてのアメフト青年は数十年の時を経て、ひとりは基地局ベンダーとして後方からパスを送り、ひとりは通信事業者の立場でボールを受け、世界めがけて突進するという役割を担うことになった。

富士通は光電融合技術で協力

21年4月、NTTはNECの永遠のライバルである富士通とも提携すると発表した。「NTTと富士通、『持続可能な未来型デジタル社会の実現』に向けた戦略的業務提携に合意」という内容だ。NTTがモバイル通信インフラの分野で世界の頂点を奪還したいという意思表明がここでも読み取れる。

発表には重要なことが2つ示されていた。ひとつは「通信技術のオープン化の推進」で、富士通もNECと同様、NTTのRANのオープン化には全面協力したいという姿勢を示した。

もうひとつの発表内容は「光電融合製造技術の確立」である。これこそがNTTが目指すIOWN構想を実現するうえで重要な「光電融合技術」の研究開発と機器開発を一緒になって進めていこうという戦略の表明にほかならない。

富士通は半導体製造での実績が豊富にある。今回の提携ではNTTが傘下のNTTエレクトロニクスを通じ、半導体実装技術を有する富士通アドバンストテクノロジの株式66・6%を富士通から取得するという合意を結んだ。IOWN構想を進めるための半導体の開発が狙いであり、2030年までには具体化したい考えだ。

NTTによるNEC、富士通との相次ぐ提携を見ると、次のようなシナリオが浮かび上がってくる。光電融合技術の実装に向けた開発を進めながら、ＲＡＮのオープン化を実現。２０３０年頃には光電融合技術を基地局に導入することで、ＩＯＷＮ構想の中に世界のＲＡＮ市場を取り込んで行くというシナリオだ。

実はこうした動きには前哨戦があった。ＮＴＴドコモなど世界の主要通信事業者が設立した「Ｏ－ＲＡＮアライアンス」だ。

富士通との提携会見に臨むNTTの澤田純社長（左）と富士通の時田隆仁社長（右）

設立メンバーはドコモのほかに、米通信大手のＡＴ＆Ｔ、チャイナモバイル（中国移動）、ドイツテレコム（Ｔ－モバイル）、フランスのオレンジの5社で、それぞれ通信分野で世界屈指の技術開発力を誇っている。

さらに米国のもうひとつの通信大手、ベライゾンのほか、日本のＫＤＤＩやソフトバンク、楽天モバイルなどもアライアンスに加盟した。様子を見ていたエリクソンやノキア、サムスン電子など主要な基地局ベンダーも渋々ながら参加を決めた。情報通信業界では米国のシスコシステムズやインテル、クアルコム、レッドハットといった有力IT企業も参加するようになり、モバイルネットワークに関わる世界の主要な企業が一堂に会する形となった。

世界の主要通信事業者、ベンダーも歩み寄る

NTTやNTTドコモが執拗なまでにRANのオープン化に注力する理由はいくつかある。その答えを知るには過去の歴史的経緯をたどる必要がある。

世界の移動通信技術の標準化では、第3世代通信技術（3G）の時代は「3GPP（サード・ジェネレーション・パートナーシップ・プロジェクト）」と呼ばれる国際規格の標準化活動を日本のドコモが主導していた。3GPPはRANを含むモバイルネットワークの標準化を進めている国際標準化団体だが、3G時代の標準規格「W-CDMA」にドコモの特許が多数入っていたからで、日本勢の存在感が際立っていた。

NECや富士通はドコモに牽引される形で世界の基地局市場で優位な地位を築くことができた。ビジネスの面でもNTTドコモは世界初の携帯インターネット情報サービスの「iモード」を開発し、通信事業者主導で通信ネットワークとコンテンツ提供の両方の基盤を提供する事業モデルを確立することに成功した。当時の世界のモバイル市場における日本勢の影響力は大きかったのである。

一方、欧州では「GSM（グローバル・システム・フォー・モバイル・コミュニケーションズ）」と呼ばれる第2世代の標準規格を確立したノキアやエリクソンといった通信事業者が「WAP（ワイヤレス・アプリケーション・プロトコル）」と呼ばれる別のコンテンツ配信プラットフォームを提唱し、ドコモが開発した「iモード」と競うことになった。最終的には通信市場に後から参入したアップルやグーグルがスマートフォンという新しい仕組みでコンテンツ配信市場を支配することになったが、このころから日本勢の地盤沈下が始まったのである。

通信ガラパゴス化の轍を踏まない決意

モバイル技術が3Gから4Gの時代に入り、世界市場でスマートフォンが爆発的にヒットするようになると、基地局市場ではエリクソンやノキアのシェアが高まり、彼らの4G規格が3GPPの議論を主導するようになっていく。気がつけば日本は携帯端末のみならず、通信規格でも「ガラパゴス化」するようになっていた。

しかもドコモなどの通信事業者にとって痛かったことは、4Gの立ち上げ時に作成した規格の中に規格化しきれなかった部分があったことだ。特にRANの構成機能を連携するためのインターフェースの部分で規格の整備が不十分となっていたのだ。異なる通信機器メーカー間の機能連携がうまくいかず、結果として特定メーカーに一括発注せざるを得なくなったのである。

こうしてＲＡＮの仕様は海外の大手通信機器メーカーが決めるようになり、通信事業者にとっては「冬の時代」が到来する。そして４Ｇの時代が終わりを迎えようとする時に、その巻き返し策として通信事業者が一致団結して作った組織が「Ｏ－ＲＡＮアライアンス」だった。

ＮＴＴ持株会社がドコモを子会社化したのは「Ｏ－ＲＡＮアライアンス」の運営をドコモだけに任せず、世界最大規模を誇るＮＴＴグループの研究リソースを総動員し、ＲＡＮのオープン化に向けた標準化に本腰で取り組もうという狙いがあった。

一方、４Ｇの時代に世界の通信市場で敗退を余儀なくされたＮＥＣや富士通としては、ＮＴＴと一緒にＯ－ＲＡＮを推進することで５Ｇ以降の世界の基地局市場で再びシェアを獲得していきたいという思いがある。

実際、ＮＴＴとＮＥＣが資本業務提携を発表した20年6月の共同記者会見では、澤田と新野は「２０３０年には全世界の基地局市場で２割のシェアを獲得したい」とその思いを語っている。

深謀遠慮は技術開発の領域だけにとどまらない。ドコモは21年2月、「５Ｇオープン

RANエコシステムの海外展開」という新戦略を発表し、オープンRANの海外展開を進め、新たなエコシステムづくりを推進する協創活動を開始したことを明らかにした。

仲間に名乗りを上げたのはNECや富士通のほかに、米国のインテルやエヌビディア、クアルコム、デル・テクノロジーズ、ヴイエムウェア、レッドハットなどの有力IT企業12社で、オープンRANの導入を希望する世界の通信事業者に対し、協調して様々な開発や保守などの支援をしていくとしている。

さらに日本やドイツなどでは5Gの技術を特定エリアに限って展開する自前の通信網である「ローカル5G」を推進しようとしており、この分野でも世界進出への期待が持てる。5Gネットワークの研究開発に力を入れるドコモとしては世界市場に積極的に打って出たい考えで、産業のデジタル化を促す「インダストリー4・0」の政策を掲げるドイツをはじめ、スマート工場やスマート建設などの領域に5Gを活用しようとしている米国などにも技術やソリューションを提供しようとしている。

こうしたソリューションを開発する場合、通信事業者の力だけでは不十分で、企業向けに様々なソリューションを提供してきた富士通やNECなどシステム開発会社と協業することが極めて重要な戦略となる。

NTTとしてはさらにグループの海外事業を担うNTTリミテッドやNTTデータなどと

もタッグを組み、「ワンＮＴＴ」でデル・テクノロジーズやエヌビディア、クアルコムといった海外企業との協力関係を構築し、新たなソリューションビジネスをグローバルに展開していく考えだ。

第4章

次世代モビリティで三菱商事、トヨタと提携

ＮＴＴグループは次世代ネットワーク技術の「ＩＯＷＮ」や「Ｏ－ＲＡＮ」の普及を促す一方で、通信業界やコンピューター業界の垣根を越えて、異分野の有力企業との連携にも動き出した。その象徴的な例が三菱商事やトヨタ自動車などとの提携だ。いずれも自動運転など次世代モビリティ社会を念頭に置いた新しいパートナーシップによる価値の創出を目指している。

３Ｄ地図世界トップに三菱商事と共同で資本参加

ＮＴＴと三菱商事は19年12月、産業分野におけるデジタルトランスフォーメーション

（DX）の推進を目的とし業務提携すると発表した。その目玉となるのがオランダに本社を置く欧州のデジタル地図会社、HERE（ヒア）テクノロジーズに対する総額約1000億円にも上る共同出資だ。両社の均等出資により、発行済み株式総数の約3割を占める筆頭株主となった。

三菱商事との提携会見で握手する澤田純NTT社長（右）と三菱商事の垣内威彦社長（左）

HEREはもともとフィンランドの通信機器メーカー、ノキアのデジタル地図制作事業部門で、ノキアの経営が苦しくなった2015年にドイツの自動車大手3社、メルセデス・ベンツ、BMW、アウディが共同で買収し、自動車向けのカーナビゲーション情報会社として運営していた。

HEREはノキア時代の2008年に米国の有力カーナビ情報会社、NAVTEQ（ナブテック）を約80億ドルで買収しており、欧米の自動車に搭載されたカーナビの5台に4台はHEREの地図情報が使われている。

最近では3D（3次元）の道路地図や商業ビル内の

フロア地図の制作などにも乗り出しており、高精細なリアルタイム電子地図を武器に自動運転サービスや様々な商業サービスに新たなソリューションを提供している。

メルセデス・ベンツなどドイツの自動車大手がＨＥＲＥを共同で買収したのは自動運転が目的だが、そのＨＥＲＥの筆頭株主になることで、配車サービスなどの「ＭａａＳ（モビリティ・アズ・ア・サービス）」やスマートシティの分野で優位に立とうというのがＮＴＴや三菱商事が描いた戦略だ。

実際にはメルセデス・ベンツ、ＢＭＷ、アウディの3社でＨＥＲＥの株式の半数を持っており、ドイツ勢の方がまだ力を持っているが、そうしたドイツの有力自動車メーカーともＨＥＲＥを通じてパイプを持てることは、今後、世界のモビリティ市場やスマートシティ市場に打って出ようとしているＮＴＴや三菱商事には好都合だ。

産業ＤＸの推進にデジタル地図を活用

そのひとつが産業分野でのＤＸだ。ＨＥＲＥが持つデジタル地図情報を使うことにより、物流サービスでは各店舗への効率的な配送ルートをいち早く探し出せるようになり、配車の便数や在庫などを減らすことが期待できる。

特にＮＴＴにとって最大の狙いとなるのがＩＯＷＮ構想への活用だ。ＮＴＴは人々や街の様子をネットワーク上のコンピューターに再現する「デジタルツインコンピューティング」技術を活用し、スマートシティ事業を進めて行こうとしている。その際、人々やクルマなどの動きを正確にとらえ、シミュレーションするには位置情報の獲得が極めて重要であり、その受け皿として高精細なデジタル地図は欠かせない。

そのデータやノウハウを持っているのが欧米市場ではＨＥＲＥであり、日本では北九州市に本社を置く地図会社のゼンリンだ。ＮＴＴはゼンリンとも20年3月に提携しているが、欧米市場には特に足がかりがなく、同様に日本のデータを持ち合わせていないＨＥＲＥも日本でのパートナーを求めており、ＮＴＴとＨＥＲＥとの距離が急速に接近した。

旧交が取り持った戦略的提携

「ちょっとここに用事があって」。

ＨＥＲＥのＣＥＯには以前、米シスコシステムズの日本法人社長を務めたエザード・オーバービークが２０１６年から就任しているが、そのオーバービークが19年秋、ＮＴＴ持株会社の入居する東京・大手町の「大手町ファーストスクエア」ビルの前でクルマを降りる姿が目撃されている。

ＨＥＲＥは欧米市場では8割以上のシェアを誇るが、ゼンリンなど日本の地図会社が自動

栗山浩樹NTTコミュニケーションズ副社長

車メーカーとしっかり手を組んでいる日本市場ではほとんどビジネスの実績はない。オーバービークはシスコ時代に培った日本における幅広い人脈を駆使し、NTTなどの有力企業に接触しようとしたとしてもおかしくない。

そこで再び出会ったのがNTT持株会社の取締役として東京オリンピック・パラリンピック担当と外部との事業連携担当を務めていた現NTTコミュニケーションズ副社長の栗山浩樹だ。東京大学法学部出身の栗山はNTTが民営化された1985年に入社し、本社の経営企画畑が長い。持株会社の前社長、鵜浦博夫の秘書を務め、財界にも顔を出したりするなど人脈が広く、オーバービークとはシスコシステムズ時代から親交が厚かった。

オーバービークからの打診は公式ルートと栗山などの非公式ルートの両方があったが、「次世代モビリティやスマートシティの実現には高精度なデジタル地図は不可欠。しかも海外のデータを持ち合わせていない我々にとってHEREとの提携は疑う余地はなかった」と栗山は語る。それは食品などの流通事業やエネルギー事業を手掛ける三菱商事にとっても同様だった。

ＮＴＴ社長の澤田は「位置情報を起点に運転支援や交通マネジメントにもＨＥＲＥの情報は活用できる」と提携の重要性を強調しており、ＮＴＴが持つ通信技術と、コンビニエンスストアのローソンなどを展開する三菱商事が持つバリューチェーン、それにＨＥＲＥが持つ高精度な地図データを組み合わせれば、今後需要が高まっていく宅配網やスマートシティの実現に大きな力を発揮するというわけだ。

澤田は「ＮＴＴがＩＣＴの力で（三菱商事を）サポートし、そのモビリティ基盤を産業界のプラットフォームとして、海外も含め展開していきたい」と語る。

物流部門のＤＸを推進

その具体策のひとつがＮＴＴと三菱商事が物流のＤＸを促すため、21年3月に共同で設立した新会社「インダストリー・ワン」だ。５年後をメドに数千億円規模の事業に育てたいとしている。

現在の日本の物流はメーカー、卸、小売りの3者が同じ製品であっても違った商品コードを使用している。作業が非効率であるだけでなく、欠品を防ぐため小売店側は卸に対し必要以上に商品を多く発注する傾向がある。それが結果的には多くの食品ロスを招いており、日本での食品ロスは年間1兆円、在庫処分や欠品対応に投じられるコストも年間8000億円に上るといわれている。

新会社のインダストリー・ワンではAIを活用し食品流通向けの需要予測システムを構築、ローソンなどが持つ販売時点情報管理（POS）データをもとに商品の需要予測を行う計画だ。これが実現できれば、無駄な仕入れが減り、食品ロスを軽減できるだけでなく、これまでメーカーから小売りまで数千人規模で関わっていた物流事業を数百人単位でできるようになるという。

NTTとしてはDXソリューションを三菱商事の食品流通サプライチェーンという大規模な「実験場」に実装でき、こうした食品流通分野におけるDXを実現できれば、業界を横断する共通DXプラットフォームを構築し、それを横展開していくことが可能だ。三菱商事との提携会見で澤田が言った「我が社のテクノロジーと三菱商事の産業分野における知見を組み合わせてDXを加速し、産業や社会の変革につなげたい」という言葉が現実味を帯びようとしている。

再生可能エネルギー事業でも三菱商事と協力

NTTと三菱商事が提携した狙いは実は食品流通だけにとどまらない。カーボンニュートラル社会の実現が叫ばれ、再生可能エネルギーの利用促進や送電網の見直しが喫緊の課題となっている中、エネルギー分野に強みを持つ三菱商事とＩＣＴの技術に強いＮＴＴが手を組めば、エネルギー市場の構造改革も進められる。

三菱商事は再生可能エネルギー分野で海外企業の買収や事業提携を積極的に展開しており、19年2月には英国で４５０万世帯に電力を供給する国内第2位の電力会社、ＯＶＯグループと提携、20年3月には再生可能エネルギーを積極的に開発してドイツやベルギーにも電力を供給しているオランダの大手電力会社、エネコを中部電力と組んで約５０００億円で買収した。ほかにも独ボッシュと組み、電気自動車（ＥＶ）の蓄電池の状態を監視するシステムを共同で開発している。

ＮＴＴは通信設備の小型化によって生じた電話局舎の空きスペースに蓄電池を置き、「蓄電所」として有効活用していく計画を打ち出している。大手電力会社の送電網を使わず、自前の小規模電力網（マイクログリッド）をつくって、近隣のビルや工場などに電力を供給する仕組みをつくろうとしている。

こうした自前の蓄電所やＥＶなどに蓄えられた電力を融通し合う「仮想発電所（ＶＰＰ）」事業でも三菱商事と協力していく計画を立てており、全国のＮＴＴ局舎やローソンの1万４０００店舗が参加する予定だ。さらに三菱商事がボッシュと開発を進めている蓄電池監視システムの開発が完成すれば、ＮＴＴとしてはそのソリューションを新たなエネルギー事業にでき、蓄電所の管理にも大きな力になるに違いない。

トヨタ自動車とは「ウーブンシティ」で提携

ＮＴＴが情報通信分野以外の大手企業と提携した例として大きな話題となったのが、20年3月に発表したトヨタ自動車との資本業務提携だ。ＮＴＴとトヨタがそれぞれ２０００億円ずつ相互に出資し、次世代のモビリティ社会を創出しようというもので、ＮＴＴの澤田とトヨタ社長の豊田章男が共同で記者会見すると、世界中のメディアが一斉に報じた。

トヨタは米国のラスベガスで毎年開かれている世界最大のＩＴ展示会「ＣＥＳ」にも出展しており、社長の豊田も頻繁に現地を訪れ、記者会見に臨んでいる。18年には電気自動車や自動運転車が登場した現在の自動車産業の環境について「１００年に1度の大変革期」だと指摘、「（モノづくりの）自動車メーカーからモビリティカンパニーにモデルチェンジする」と宣言した。

ありとあらゆるモノやサービスがネットワークでつながる社会には、自動車というハードウエアもそのひとつの情報端末となり、自動車メーカーとしてもハードウエア主体のビジネスからソフトウエア主体へのビジネスモデルへと転換しなければ生き残れないというわけだ。

その象徴的なプロジェクトが富士山のふもと、静岡県裾野市に建設中のスマートシティ「Woven City（ウーブンシティ）」だ。人間と自動で動く自動車やロボットがそれぞれぶつからずに共存し、安心して暮らせる街づくりを計画している。配車サービスなどのMaaSやスマートホームづくりの技術などを導入し検証することをこのプロジェクトでは目指している。実現には5Gなどのネットワーク環境を構築する通信のプロが必要だというわけで、白羽の矢が立ったのがNTTだった。社長の豊田は澤田に接近し、実現したのが両社の資本業務提携だった。

トヨタとの提携会見で握手するNTTの澤田純社長（右）とトヨタ自動車の豊田章男社長（左）

トヨタは1980年代の通信自由化時代に日本移動通信（IDO）を設立。京セラが設立した第二電電（DDI）や国際電信電話（KDDI）と合体してKDDIとなったことから、KDDIの第2位大株主となっている。ブルートゥースなどを使ったクルマと携帯端末との接続や、「つながるクルマ」の実現などではは主にＫＤＤＩと歩調を合わせてきた。16年からは車載通信機とクラウドの間をつなぐグローバルな通信プラットフォームの構築もトヨタとＫＤＤＩで推進し、効率的なタクシー配車システムの開発でも手を取り合ってきた。

ところが今回は一転してＮＴＴと組むことにした。背景にはウーブンシティを成功させ、スマートシティの分野で世界に打って出るにはＮＴＴとの協業が重要だという豊田の判断があった。

というのもＮＴＴは18年9月からラスベガスでスマートシティの実証実験に取り組んでおり、最先端のＡＩやＩｏＴなど総合マネジメント技術を駆使した街づくりを進めている。事件や事故などを迅速に検知し、分析や予測などで実績を挙げており、ウーブンシティのプロジェクトでもＮＴＴが得たノウハウやリソースを豊田が欲しがったとしても不思議はない。今回の両社の資本業務提携はトヨタ側から持ち掛けたもので、提携発表の記者会見でも豊田は「ＮＴＴは国家そのもの、我々は田舎の会社」とユーモアを交え澤田を称えた。

一方、ＮＴＴもトヨタとの提携には大きな期待を抱いている。ウーブンシティで街全体を制御するＩＣＴインフラを提供することで社会実装の技術やノウハウを蓄積し、ＮＴＴが進めるデジタルツインコンピューティングやドローンといった最先端技術を開発・実装する場として利用できるからだ。

ウーブンシティで実績を上げれば世界で事業の横展開を狙える。トヨタという世界的ブランドと共にスマートシティ事業で成功を収めれば「NTT」ブランドも一気に上がるはずだ。ウーブンシティにIOWNを先行導入する可能性も示唆しており、澤田も「トヨタとNTTがスマートシティの社会基盤を一緒に作り上げる」という。

提携の狙いは「GAFA対抗」

NTTとトヨタとの提携発表記者会見では、提携の狙いに触れた澤田のセリフが反響を呼んだ。「GAFA対抗は大いにある」という言葉だ。グーグルなどもスマートシティ事業に乗り出しているが、澤田はスマートシティ分野での個人データの扱いでもGAFAとは一線を画していることを強調した。

グーグルは入手したデータを自社内で保有し活用するが、NTTとトヨタは「データを囲い込まない」（澤田）という。収集したデータは市民や自治体に帰属するものだというのが澤田の考え方だ。実はNTTがラスベガスでスマートシティの実証実験プロジェクトを獲得できたのは、こうしたデータ活用に対するNTTのオープンな姿勢をラスベガス市当局が評価してくれたことが背景にある。トヨタ社長の豊田もこの考え方を共有しており、「両社の関係を縮めた」要因だったと語る。

ＮＴＴとトヨタは「エッジコンピューティング」の開発でも共同プロジェクトを進めている。センサーやデバイスなどから発するデータを現場に近い場所（エッジ）で処理するという技術だ。グーグルなどの大規模なクラウドコンピューティングに比べ、リアルタイム性が高く、ネットワークの通信負荷も少なくてすむ。ＩＣＴとモビリティの技術を上手に融合することでＧＡＦＡに対抗することこそがＮＴＴとトヨタとの提携の真の狙いだともいえよう。

アビジット・ダビー

NTTリミテッド
最高経営責任者（CEO）

◎リミテッドはNTTコミュニケーションズの海外部門と設立
◎2023年度までに営業利益率を8%に引き上げ
◎NTTグループの資源を活用し顧客企業のDXを支援

——NTTリミテッドのCEOに就任されたきっかけは何ですか。

CEOに就任したのは2021年4月ですが、以前は経営コンサルティング会社のマッキンゼー・アンド・カンパニーで20年にわたり半導体から通信までIT（情報技術）産業を幅広く担当していました。

NTTはその時の顧客企業のひとつで、海外で買収した企業をバラバラのままではなく、まとめるべきだと提言したのは我々です。NTTリミテッドはNTTが買収した南アフリカのシステム開発企業、ディメンションデータやＮＴＴコミュニケーションズの海外事業などを２０１９年に統合して設立した会社です。

初代のＣＥＯはディメンションデータのＣＥＯだったジェイソン・グッドールが務めましたが、海外事業をさらに拡大するということで私に声がかかりました。ＮＴＴは10年ほど担当しましたが、20億ドル（約２２００億円）だった海外売上高は２００億ドル（約２兆２０００億円）規模まで拡大しました。技術力も資金力もある会社なので大きな海外展開が見込めると思い、引き受けました。

――ＮＴＴリミテッドに期待されているミッションとは何でしょう。

世界のＩＴ市場は大きく変わりました。クラウド技術などの広がりにより、ユーザーは様々な技術を自分で自在に利用できるようになりました。そうした顧客ニーズに応えるには、海底ケーブルからマネージドＩＴサービスまで、すべての技術をフルスタック（完全な品ぞろえ）で用意する必要があります。

幸いＮＴＴグループにはシステム開発を手掛けるＮＴＴデータや移動通信事業のＮＴＴドコモなどがあります。我々のミッションはそうした技術力を総動員し、顧客が望むＩＴのインフラを構築することにあります。特に重要なのは事業変革を促すデジタルトランスフォーメーション（DX）を後押しすることです。

――NTTの海外事業を担う組織には、NTTリミテッドのほかにNTTインクがありますが、どのような関係なのか教えて下さい。

NTTインクはNTTの海外事業をつかさどるグローバル持株会社です。その下に我々のNTTリミテッドとNTTデータがあり、ほかにもベンチャー投資を行う「NTTベンチャーキャピタル」といった会社がNTTインクの傘下にあります。

NTTリミテッドの売上高はNTTグループの海外売上高のおよそ半分にあたる105億ドル（約1兆155億円）で、独自に役員会を持ち、独立的に事業を営んでいますが、組織上はNTTインクにリポートする形となっています。

事業分野ではNTTデータがシステム開発を行い、我々はネットワークやデータセンターなどのインフラ事業を担っています。顧客にも一緒に営業をかけるなど、NTTデータとは補完関係にあります。最近ではドコモの海外部門にも顧客企業のプライベート5Gの構築に加わってもらったりしています。

――2021年秋に「NTTデータ　EMEAL」という会社ができたそうですが。

それはNTTデータが欧州や中東、アフリカ、中南米の海外子会社をまとめて設立した会社で、我々のNTTリミテッドとは直接は関係ありません。「EMEA」とは欧州（ヨーロッパ）、中東（ミドルイースト）、アフリカ地域を頭文字でまとめて呼ぶ際によく使われる言葉ですが、それに中南米のラテンの「L」を付け加えて、「エミアエル」と呼んでいます。

――NTTの決算発表では「海外事業の利益率が低いのが課題」と指摘しています。

利益率が低いのには2つ理由があります。NTTは海外での売上高を拡大するために、これまで非常に多くの外国企業を買収してきました。リミテッドはディメンションデータとNTTコミュニケーションズの海外部門を合体して設立した会社だと一般的には説明していますが、実際には30以上もの海外子会社が集まってできています。それを統合するにはやはりコストがかかります。

それから顧客企業の方も「レガシー」と呼ばれる従来型の自前のシステムからクラウドなどの新しいシステムへと移行を進めています。それは我々にとっても手間のかかる作業となります。リミテッドとしては2023年度までに営業利益率ベースで8%に引き上げることを目標としています。

――ＮＴＴは光情報通信基盤の「ＩＯＷＮ」や移動通信システムのオープン化を促す「Ｏ－ＲＡＮ」を海外に広める戦略ですが、関わりはあるのでしょうか。

リミテッドは新しい技術や規格を構築していくというよりは、新しく出来上がったものを顧客企業に対し実装していく立場ですので、いずれの戦略も今のところは直接関係していません。ＩＯＷＮの技術が今後完成していけば、我々にとっても新しいビジネスチャンスが開けると期待しています。

――リミテッドの本社はロンドンにあるそうですが、ブレグジット（英国の欧州連合離脱）の影響はありましたでしょうか。

リミテッドは世界に幅広く52カ国に事業を展開しています。英国もそのひとつの重要な市場ですが、全体から見ればそれほど大きくはありません。

ロンドンに本社を置いたのは、日本との往復や日本企業との関係などを考え、英国が便利だったからそうしたまでのことです。

ＥＵはデジタル分野については欧州をひとつの市場としてビジネス展開ができるよう政策を進めており、その点では英国もその政策に同調しており、ブレグジットについてはほとんど影響はなかったと言ってよいでしょう。

——米国のアップルやグーグルなど「GAFA」の台頭をどう見ていますか。

グーグル、アマゾン、マイクロソフトは、実はデータセンターなどで我々のインフラを利用してもらっている重要な顧客です。我々の顧客に営業をかける際の重要なパートナーでもあり、マイクロソフトとは2年半ほど前に戦略的なパートナー契約も結びました。もちろんコンテンツサービスでは彼らの存在は見逃せません。我々としては、いわゆる「コーペティション（協調と競争）」の関係だと思っています。

——海外戦略を推し進める澤田社長とはよく話をされますか。

四半期に1度のNTTインクの経営会議では必ず会いますし、それ以外にも数カ月に1度は意見交換をしています。2週間ほど前にもロンドンで開かれたあるイベントで直接お会いして話しました。

澤田社長はNTTグループをドラスチック（大胆）に変えてきたと思います。パートナー企業と一緒に最終顧客の価値を創造していこうという「B2B2X」戦略などはそのひとつだと思います。

NTTインクの100％子会社であるリミテッドは、子会社といえども独立性が保たれており、長期的なビジョンを掲げるNTT持株会社からも細かいことは言われていません。それでいてNTTグループの豊富な資源が使えるわけですから、経営を任される私の立場としては非常にやりやすいといえます。

——携帯ネットサービスの「iモード」のころに比べると、NTTの存在感は低下したといわれますが、NTTグループの今後の課題は何だと思いますか。

NTTの経営はスロー（遅い）というコメントを聞いたことがありますが、少なくとも澤田体制になってからはそんなことはないと思います。先ほど紹介したNTTドコモとのプライベート5Gの案件でも、アイデアが出てからPoC（プルーフ・オブ・コンセント＝概念実証）の実施まで、わずか6週間でした。驚異的な早さだと思います。

問題はパーセプション（認知）ギャップだと思います。NTTのブランド力は欧州でも高いのですが、事業内容に関する認知は十分だとは言えません。先日、欧州の有力企業のトップ約60人との会合があり、NTTについて尋ねたところ、皆さん、NTTの名前はよく知っていましたが、今どんな事業をやっているのかほとんどの人が知りませんでした。

最近、米経済紙の「ウォール・ストリート・ジャーナル」と一緒にNTTブランドを向上するためのキャンペーンを始めましたが、そうしたブランドイメージの向上と認知度を高めることが大きな課題だと思っています。

本間洋

ＮＴＴデータ社長

◎注力分野はデジタル、グローバル、グリーン
◎異例人事で西畑副社長が復帰。グローバルトップ5入り狙う
◎グループ連携でＩＴ全体にわたるサービスを提供

——本間社長が考えるＮＴＴデータのあるべき姿はどのようなものでしょうか。

私が社長に就任する直前になりますが、新たなグループビジョンとして「Trusted Global Innovator（トラスティド・グローバル・イノベーター）」を掲げました。新たなビジョンを掲げたのは、情報技術（ＩＴ）の役割が大きく変わってきたからです。以前のＩＴは既存業務の省力化や効率化などに使われてきました。それが今はデジタル技術を利用して、新しいビジネスや商品を創り出そうという、いわゆるＤＸとなっています。

「Trusted（信頼される）」というのは、電電公社でデータ通信事業を始めたときから今まで、そしてこれからも大事にしていくものです。信頼をもとに顧客の将来にわたるビジネス革新をデジタル技術の活用によって実現するパートナーになる、こんな思いを込めています。

――社長就任から3年が経ちます。ビジョン実現への課題はなんでしょうか。

社長に就任してから、私の仕事は一貫してデジタルとグローバルの推進、この2つでした。デジタルの分野で圧倒的に強い会社になりたい。それがグローバルで強くなることにもつながります。

これまでグローバルで通用するデジタルオファリングを創出するため分野を定めて投資してきましたが、知見や技術、ノウハウなどを結集してきた成果が実を結んできました。今後の目標としては25年までにＩＴサービスの領域でグローバルトップ5入りを掲げています。

これに加えて、最近はグリーン化、カーボンニュートラルへの社会的要請が高まっています。スマート工場の実現、サプライチェーンにおけるCO_2排出量の可視化と削減など、グリーンは私たちが持つ技術で貢献できる分野です。

ソフトウエア開発におけるグリーン化の開発ツール策定や啓発活動を行うため、21年9月に「グリーンソフトウエア・ファウンデーション」の運営メンバーにもなりました。社内にもCO_2排出量の可視化と削減を促す「グリーンイノベーション推進室」を新設しました。今後、ぜひ力を入れていきたいと考えています。

――これからのデジタル時代にNTTデータはどんな強みを発揮しますか。

手前味噌ですが、強みはたくさん持っていると思います。最初にお話をした「Trusted」もそうです。構想段階からコンサルティングを行い、システムの開発、さらには活用までも支援できる、こうした一気通貫のパートナーになれるのが我々の強みだと思っています。加えて、顧客の業務を深く理解し、そこに高度なアーキテクチャーやきちんと目利きした技術を適用できる、これがさらなる信頼につながっていきます。

日本に閉じた話で言えば、公共・社会基盤、金融、法人ソリューションとバランスよく事業を展開しています。DX関連事業では業種の垣根を超えた案件も発生しますから、これも強みになります。

――西畑一宏副社長が復帰されたことに驚きました。持株会社の澤田社長と2人で説得されたそうですが、復帰にはどんな狙いがあったのでしょうか。

NTTグループの人事としては（一度退任した役員が復帰するのは）初めてではないでし

ようか。グローバル市場が故にそうなったと思います。

西畑はＮＴＴの欧州現地法人、ＮＴＴヨーロッパの社長を経験するなど、キャリアの大半を海外畑で積んできました。ＮＴＴデータには２００９年に国際事業本部長として着任し、西畑自らが海外でのＭ＆Ａ（企業の買収・合併）事業を進めるなど、グローバル事業をリードしてきました。

そうしたことからＮＴＴグループの海外子会社の幹部たちとも信頼関係が強く、澤田社長体制のもとでＮＴＴグループが再びグローバル戦略に力を入れ始めたことから、西畑にはまたＮＴＴデータに戻ってもらいました。

先ほどお話をしたＮＴＴデータの注力テーマの中に「グローバル」がありましたよね。競合はアクセンチュアなどグローバル市場で高いシェアを持つ米国系のコンサルティング企業です。競合と戦えるまでＮＴＴデータを強くするには「Ｏｎｅ・ＮＴＴデータ」としてブランドの統合や子会社との連携強化を進める必要があり、それを西畑にお願いすることにしました

――ＮＴＴ分割の歴史の中では最初に分社独立しています。最初に家を出た長男坊ともいえますが、実家（ＮＴＴ持株会社）の動きをどう見ていますか。

我々はできの悪い長男坊でしたよね（笑）。ただ、今や電電公社時代を知る人は意外と少なくなっています。NTTデータの役員でも、私と副社長の西畑、山口（重樹）くらいでしょうか。ほかのメンバーは民営化後のNTTやNTTデータになってからの入社です。

私も民営化前に入社したのでNTT全体の事業を把握しやすかった。そういう視点で今もNTTグループやNTTデータがどうあるべきかを常に考えています。NTTの各事業会社の社長たちも私と同じくらいの年齢なので、つながりもあります。わからないことがあれば、お互いにすぐに聞けます。

ただ、NTTのこれからを託す人たちは違う。今のうちにやれることを済ませ、連携しやすい仕組みづくりをしておくことが我々の役目だと思っています。

――澤田社長が描くNTTグループ戦略とはどうつながっていくのでしょうか。

NTTの各事業会社はそれぞれ強いところが違うので、シナジーを発揮することが重要です。ITの世界は大きく3層に分かれますが、NTTグループ全体でみれば1層目のデータセンターやネットワークなどインフラ部分が得意です。

2層目のコンピューターの世界でいえば、ミドルウエアのようなつなぐ部分でオープン化や仮想化といったゲームチェンジを促す技術革新が起きています。これは我々にとってはチャンスだといえるでしょう。

そしてＮＴＴデータは3層目のアプリケーション領域に強い。ただＤＸの流れを受け、コンサルティング事業をいかに強くできるかという挑戦もあります。

ＮＴＴグループ全体で挑めば、高付加価値で安心安全なサービスをトータルで顧客に提供できる。これが我々の最大の強みでしょう。ここに光情報通信基盤の「ＩＯＷＮ」が加わります。ＩＯＷＮの実現は少し先になりますが、間違いなく我々の大きな強みになっていきます。

第3部

新事業でチャレンジ精神鍛える

第1章

ローカル5Gに活路見出す

電電公社時代からの保守的な経営姿勢は民営化しても抜けきれないと言われてきたＮＴＴだが、グローバル規模でＮＴＴの事業展開に挑もうとしている澤田体制のもとで様々な新事業への種まきが着実に実を結びつつある。そこで大きな課題として浮かび上がってきたのがグループ内の連携に向けた動線作りだ。

東大と共同で「ローカル5Gオープンラボ」を設立

東京都調布市にある「ＮＴＴ中央研修センタ」。武蔵野の面影が残る閑静な住宅地を抜けていくと、その巨大な研修施設が現れる。広大で緑豊かな敷地は訪れた人々に不思議な安心感を与えてくれる。２０２０年2月、この一角に最新の無線通信インフラである「ローカル５Ｇ」の技術を検証するための実証施設「ローカル５Ｇオープンラボ」が設立された。設立したのはＮＴＴ東日本と東京大学で、「ローカル５Ｇ」関連の技術開発を推進する日本初の産学共同施設という触れ込みだ。ローカル５Ｇオープンラボを設立した目的について、ＮＴＴ東日本社長の井上福造は「ローカル５Ｇの可能性をパートナーとともに検証し、ユースケースを作っていくことにある。ローカル５Ｇの未来の可能性を作り上げる」と意欲を見せる。

中央研修センタの中でも最新の建物となる6号館に入ると、正面にあるローカル５Ｇオープンラボのオープンスペースが訪問者を出迎えてくれる。その名の通り開放的な空間で、ショールームのような雰囲気を醸し出す施設内には、利用者たちが一緒に仕事ができるコワーキングスペースや、ソリューションの展示スペースが設けられており、その右手にはローカル５Ｇ環境を提供する検証ルームがある。

ローカル5Gオープンラボ（東京都調布市）の様子

エリクソン、サムスンなどトップベンダーが集結

検証ルームの隅にはミリ波の28ギガヘルツ帯の周波数や「Ｓｕｂ６（サブシックス）」と呼ばれる４・８ギガヘルツ帯の周波数を活用するローカル５Ｇ用の基地局が設置され、隣には免許がなくても通信の実験ができるシールドボックス（電波暗室）が置かれている。

施設内ではスウェーデンの大手通信機器メーカーであるエリクソンや韓国のサムスン電子、それに日本のアプレシアシステムズなど複数の有力通信機器メーカーからなる7つの基地局が稼働している。

NTT東日本の無線ビジネス推進プロジェクトチームでIoTサービス推進担当部長を務める渡辺憲一は「これだけ様々なメーカーの装置を稼働させている実証施設は日本ではここだけだろう」と胸を張る。

設立してから1年半が経過したが、コロナ禍でもすでに160社以上の企業が来場しており、「実際に装置を見てもらったうえで議論し、自分の会社ではローカル5Gが何に使えるのかを体感してもらっている」と渡辺は実証施設の存在理由を語る。NTT東日本のローカル5G事業にかける意気込みが強く伝わる施設だ。

5Gは高速大容量、超低遅延、同時多数接続といった3つの特徴を持つが、エリアを限定して5Gの技術を利用するローカル5Gの仕組みは、19年12月の電波法関連法令の制度改正により利用が可能となった。企業や組織のデジタルトランスフォーメーション（DX）を促す新しい通信インフラとして期待が寄せられている。

ローカル5GはNTTドコモなどの大手通信事業者が全国に展開する通常の5Gサービス

とは異なり、地域や個別のニーズに応じ民間企業や自治体などが主体となって自らのオフィスや工場、商業施設などに構築する自前の5Gネットワークだ。

この最新の通信インフラを新たなビジネスチャンスととらえ、大手の通信事業者やシステム開発会社、端末メーカーなど様々な会社がローカル5Gの事業に参入してきている。NTTグループも例外でなく、NTT東日本のほか、NTT西日本、NTTコミュニケーションズの3社がローカル5Gの事業展開に向けた実証実験を開始している。

ローカル5GがもたらすDXの分野としては、農業、鉱業、建設、運輸、医療、エンターテインメントなど多種多様な産業が挙げられる。その中でも有力な活用分野と期待されているのが日本の基幹産業である製造業だ。デジタル技術を活用することで生産性を大きく引き上げる工場、すなわち「スマートファクトリー」の実現に向け、ローカル5Gが重要な役割を果たすと考えられている。

安定した通信で無線LANに勝る

現在、日本の工場内の通信システムとしては、有線もしくは免許の要らない無線通信インフラである「Wi-Fi」などの無線LAN（構内通信網）が主に使われている。有線は無線に比べ通信の速度・安定性に優れているが、施設内を動き回る製造ロボットや部品などを搬送する自動走行型ロボット（AGV）には有線のインフラは使いにくい。また多数のセンサーを配置する必要がある場合、有線は配線に手間とコストがかかる。

無線インフラはこうした問題を解決でき、設備の位置や製造ラインの変更や拡張にも柔軟に対応できることから需要が高まっているが、無線LANには様々な課題がある。最大の問題は通信の安定性だ。無免許で同じ周波数帯を自由に使える無線LANの場合、複数の機器が近くで作動していると様々な干渉が起きてしまうからだ。

家庭でも電子レンジや音響装置など様々な電子機器が無線LANの周波数帯を使っており、リアルタイムでの操作が必要な産業分野の機器には遅延などの理由から「無線LANは使えない」というのがこれまでの認識だった。

こうした無線インフラの課題を一気に解決すると期待されたのがローカル5Gだ。ローカル5Gを利用するには専用の免許が必要で、その免許を受けた企業や装置だけが専用の周波数帯を利用できる。遅延が許されないミッションクリティカルな装置や高いセキュリティが要求される用途には不可欠な技術といえる。

通常の5Gと同様、同時に多数の端末をつなぐことができるため、IoT機器を接続したり、工場のデジタルトランスフォーメーションを促したりするには格好の通信インフラというわけだ。

もちろんローカル5Gにも弱点はある。これまでの移動通信サービスに比べ、高い周波数帯を使用するため直進性が強く、障害物を回り込みにくいという特性を持っている。この点は通常の5Gサービスにも共通するが、さらにローカル5Gとして利用する場合には、施設や基地局ごとに免許を取得する必要があり、その手続きに時間とコストがかかることが課題となっている。

また現在ではローカル5Gに対応した機器が少なく、その分、コストが高いことも課題として挙げられる。今後、ローカル5Gの実装が進んでいけば、機器の種類や価格も多様化・低廉化していくことが期待されるが、資本力や技術力に欠ける中小企業などが導入していくにはまだまだハードルが高い。

その意味では現在の無線LANの速度を5G並みに高めた新しい通信規格「Wi－Fi6」や、低周波数帯を使うことで電波の回り込みに強く、かつ省電力に強みを持つIoT向けの通信規格「LPWA（ローパワー・ワイドエリア・ネットワーク）」といった新しい通信技術との併用も考えていかないとならない。

NTT西日本、コミュニケーションズも参入

こうしたローカル5Gの事業にはNTT東日本だけでなく、NTT西日本やNTTコミュニケーションズなども虎視眈々とチャンスをうかがっている。

ＮＴＴコミュニケーションズは20年3月、大手タイヤメーカーのブリヂストンと共同で20年6月から製造現場でローカル５Ｇの本格検証実験を始めると発表した。

この実証実験ではＮＴＴコミュニケーションズがブリヂストンの技術センター及び製造工場内にローカル５Ｇのネットワークを構築する。測定器や通信端末を使って受信レベルを複数の拠点で測定する電波伝搬実験や、通信の遅延やスループット（単位時間あたりの処理能力）を測定する通信性能試験、それにローカル５Ｇを利用した各種アプリケーションの利用試験などが行われている。

さらにコミュニケーションズは工作機械大手のＤＭＧ森精機とも20年5月から共同実験を開始した。電波伝搬実験や通信性能試験のほか、自動走行型ロボット（ＡＧＶ）の遠隔操作試験なども行っている。

実験が行われているＤＭＧ森精機の国内開発生産拠点、伊賀事業所（三重県伊賀市）は山奥にあり、通常の５Ｇの電波は届かない。以前からＡＧＶを使った業務を行ってきたが、これを５Ｇで遠隔操作できるようになれば、より業務の効率化や最適化が図れるのではないかと考え、ＮＴＴコミュニケーションズに相談があった。

実験の結果、ローカル５Ｇの方が無線ＬＡＮに比べて位置を特定するマッピングに必要な情報をより多く収集できることがわかった。ローカル５Ｇを使えば遠隔操作が可能になるだけでなく、ＡＧＶの走行速度を引き上げられるようになった。障害物とぶつかることもなくなり、工場全体の生産性が大きく向上する成果が期待される。こうした実験で得られた知見を生かし、ＮＴＴコミュニケーションズでは21年3月から「ローカル５Ｇサービス」の本格提供を開始している。

一方、ＮＴＴ西日本は20年11月、山口県下関市にある精密加工会社、ひびき精機の工場でローカル５Ｇを活用したリモート作業支援の共同トライアル検証を開始したと発表した。ひびき精機は以前からＩｏＴを駆使した省人化に注力しており、ローカル５Ｇの技術にも高い関心を示していた。実験では工場内に設置した４Ｋ高精細カメラを通して作業工程のリアルタイム遠隔監視を実施。遠隔作業支援を実現するのに重要なスマートグラス端末をローカル５Ｇの環境で利用できる通信エリアを整備した。

スマートグラスは業務経験の浅い社員に装着させ、熟練工がリモートで作業内容を指示している。これにより作業の効率化や移動時間の削減を進めることができ、技術の伝承もスムーズに行えるようになると期待している。

課題はNTTグループ内の連携強化

NTT東西、コミュニケーションズの3社はラボや実証実験などを通じてローカル5Gの知見を蓄えつつあり、近くローカル5G事業の本格展開に乗り出す計画だ。しかし外から見ると、グループ各社が別々にローカル5G事業を進めていくのは非効率にも映る。

3社の担当者に話を聞くと、ほぼ一様に「NTT東西はそれぞれの担当エリアに注力し、コミュニケーションズとは会社の規模ですみ分けしている」という回答が返ってくる。つまり地域の中小企業はNTT東西が担い、大企業はコミュニケーションズが担当するという役割分担だ。

一方で大企業のローカル5Gの案件をNTT東西が請け負うという例もあるようだ。担当者のひとりは「ホームページや広告を見たお客様から名指しで問い合わせがあり、あなたのところでやってほしいと言われれば当然やることになる」と語る。NTTグループ内で顧客を奪い合うというこれまでの慣行がローカル5Gの事業でも繰り返される懸念は十分ある。ローカル5Gのような将来性のある新規事業こそ、グループの総力を結集して取り組んでいくことが求められる。

ローカル5G事業に参入している企業は日本だけでも数十社に上る。NTTグループ内で競い合っている場合ではない。

NTTグループにはNTTドコモという5Gネットワークのノウハウを豊富に持っている会社がある。特に通信エリアの調査、回線設計、5Gアンテナの最適な設置場所の選定、それに設置工事といった部分ではドコモの知見は大いに役立つ。

こうしたグループの技術やノウハウをひとつに結集してローカル5G事業に取り組めば、もともとネットワーク構築に一日の長があるNTTが日本を代表するローカル5Gプレーヤーになることは決して難しいことではないだろう。

だが、それも言うほど容易ではない。現場で動いているグループ企業のある社員は「今のように個別に動いているからこそ機動的に事業を行えるし、現場の活力も生まれてくる」という。意思決定のスピードが遅くなったり社員の士気が下がったりするリスクなど統合のデメリットをどう克服するか、避けて通れない課題だ。

第2章

再生可能エネルギーでカーボンニュートラル実現

「2040年にNTTグループ全体でカーボンニュートラルを実現する」。

２０２１年9月、ＮＴＴの新たな環境ビジョン「ＮＴＴグリーン・イノベーション・トゥワード２０４０」を発表した記者会見の場で、社長の澤田純はこう宣言した。ＮＴＴはグループ全体で日本の総発電量の約１％を消費しており、地球温暖化による気候変動が世界的な課題になる中で、「かなりストレッチ（背伸び）した目標」（澤田）として新しい環境エネルギービジョンを打ち出した。

新しいビジョンではカーボンニュートラルの達成に向け、３つの要素を柱とする行動計画を掲げる。①継続的な省エネの取り組み、②ＩＯＷＮ（アイオン）の導入による電力消費量の削減、③再生可能エネルギーの導入拡大だ。２０４０年にはＮＴＴ全体で現在の１・８倍と予測される温室効果ガス排出量を相殺していく勘定になる。

「ＩＯＷＮ」構想の環境改善効果を盛り込む

再生可能エネルギーの活用は２０２０年度比約7倍の規模に拡大させる計画だ。２０３０年度までにグループで消費する電力の80％を再生可能エネルギーで賄い、その半分をＮＴＴが所有する電源から供給することも明記した。

実は20年5月に発表したＮＴＴの前回の環境ビジョン計画では２０３０年度までにグループで使う電力の30％を再生可能エネルギーで賄うとしていたが、これをわずか1年で書き直したわけだ。新たに発表した環境エネルギービジョンでは、これを実現するために２０３０～２０４０年度には70億キロワットアワー程度の再生可能エネルギーの導入を見込んでいるという。

一方、鳴り物入りで登場した新しい光情報通信基盤の「ＩＯＷＮ」も環境改善の面では大きな効果があると期待されている。研究開発部門を統括するＮＴＴ常務執行役員の川添雄彦は「ＩＯＷＮの研究を重ねるうちに導入の目的がより具体化してきた」として、新しい環境ビジョンではＩＯＷＮがもたらす消費電力量の削減効果を反映できたという。

現在の情報通信システムと比較したＩＯＷＮの消費電力量は計算上、１００分の１となる。実際の利用では数字がそのまま当てはまるわけではないが、いずれにしても大きな援軍であることは間違いない。

スマートエネルギー事業の中核、ＮＴＴアノードエナジー

ＮＴＴは社長の澤田の口癖になった「ゲームチェンジ」をエネルギー事業の分野でも狙っている。その中核を担うのが19年6月に新しく設立したスマートエネルギー事業の推進子会社「ＮＴＴアノードエナジー」だ。

火力発電、原子力発電のいずれをとっても新たな設備の増設が難しくなった社会情勢を踏

まえ、ＮＴＴグループはアノードエナジーを軸に18年度に約３０００億円だったエネルギー関連事業の売上高を25年度までに６０００億円に倍増させる計画を立てている。

アノードエナジーのエネルギー事業は主に4つある。グリーン電源、サステナブル電源、高度電気自動車（ＥＶ）ステーション、仮想発電所（ＶＰＰ）といった事業だ。その具体的な内容を以下に見てみたい。

●グリーン電源事業

グリーン電源事業ではその名の通り、太陽光、風力、地熱、バイオマス発電などの再生可能エネルギーを扱う。特に注力しているのが太陽光発電で、顧客敷地内の屋根や遊休地などに設備を構築し、施設内で自ら発電した電力を自家消費してもらうオンサイト型と、アノードエナジーが構築した設備で発電したエネルギーを電力会社の送配電網を介して地域の企業などに供給するオフサイト型の２つのエネルギーサービスを提供している。

21年6月からは大手コンビニエンスストア、セブン－イレブンの40店舗に対しオフサイト型での電力購入契約に基づきエネルギーを供給している。ＮＴＴが再生可能エネルギー事業を拡大するという報道を見たセブン＆アイ・ホールディングス社長の井阪隆一が澤田に直接電話をかけたことがきっかけだ。

澤田も「オフサイトＰＰＡ（電力販売契約）という日本では誰も手掛けていない仕組みで再生可能エネルギー100％の店舗を実現できた」とご満悦だ。

ＮＴＴ副社長の島田明は目標達成のために必要な再生可能エネルギーを獲得するには「総額約4500億円の投資が必要になる」と語る。今後のメニュー展開にも力を入れており、現在は太陽光発電が主力だが、大規模な発電容量を確保するためには風力発電も増やしていく必要がある。ほかにも一部の地域ではバイオマス発電や地熱発電、水力発電などの計画を進めようとしている。

●サステナブル電源事業

自然災害などによる停電時に災害状況に応じた最適な電力を非常用電力によって供給する。太陽光発電やＥＶ、蓄電池などの分散型エネルギー技術を組み合わせることで、電力会社の送配電設備が損傷した場合でも停電を回避できるようにする。例えば、平時は太陽光発電設備で発電した電力を自家消費と蓄電池の充電に使用する。災害などによる停電時は太陽光発電設備と蓄電池から電力を供給することができる。

蓄電池に関しては、ＮＴＴの通信局舎ではもともと停電時の通信確保のためなどに蓄電池を持っているが、技術の進歩による電話設備の小型化によって生じた通信局舎の空きスペースなどを活用し「蓄電所」と位置付けていく。21年1月の発表では、NTT東日本の遊休地に設置した太陽光発電設備と蓄電池により、千葉市が避難所に指定している中学校に自営線で直流供給の実証実験を行う計画だ。

● 高度EVステーション事業

国内のEVスタンドの数は20年3月末時点で約1万8000カ所と、ガソリンスタンドの6割近くに達するなど普及が進んでいる。高度EVステーション事業では、EV充電設備を自社施設や顧客の拠点に設置して普及させると同時に、停電している重要拠点にEVで駆け付け、EVの蓄電池から建物に直接給電することで災害時のエネルギー利用を可能とするシステムを構築していく。

NTTグループが保有している1万台規模の社用車もEVに切り替えている最中だ。将来的にはEVや施設のエネルギー利用状況のデータを集約し、運輸やメディア、金融など様々な分野でデータ活用を進める事業も視野に入れている。

●仮想発電所（ＶＰＰ）事業

火力発電所など従来の集中型エネルギーシステムではなく、分散型エネルギーシステムを活用したバックアップ電源サービスがこのところ注目を浴びつつある。ヨーロッパではＶＰＰを構築する動きがすでに出てきている。ＶＰＰは太陽光発電やＥＶなど広域での様々な発電・蓄電設備をコントロールし、電力の需給調整を行うひとつの大きな発電所として機能する。

これが実現すれば、大規模な停電リスクを抑えるとともに、グリーンエネルギーの活用を促し、環境への負担も少なくなる。季節などの要因でも電力需要は大きく変動するため、それに対する広域な電力需給調整への期待があり、経済産業省もＶＰＰの実証事業には補助金を出すなど様々な動きを後押ししている。

電力分野ではアノードエナジーの傘下にある電気小売事業の「エネット」と、太陽光発電設備の遠隔監視装置会社「ＮＴＴスマイルエナジー」がＮＴＴのスマートエネルギー事業を支えている。

エネットは21年4月現在で契約数が全国10万件以上ある。自動収集された電力データを人工知能（ＡＩ）が解析し、問題点を抽出して省エネ方法をレポーティングするなどの付加価値サービスの強化に努めている。11年6月設立のスマイルエナジーはパソコンやスマートフォンから太陽光発電の電力状況をチェックするサービス「エコめがね」といった事業を手掛けている。

電力固定価格買い取り向けファンドに参画

アノードエナジーは21年9月には三菱ＵＦＪ銀行や大阪ガスなどとともに再生可能エネルギーのファンド運営会社「Ｚエナジー」にコアパートナーとして参画した。当面は太陽光発電などを電力会社が一定価格で買い取る「固定価格買い取り制度」の案件を主な対象とするが、その後は太陽光発電以外の事業にも参画し、10年以内に３０００億円規模のファンドにしていくという。

計画ではＮＴＴグループの局舎などにある「蓄電所」を通じて出力抑制の回避や送電ロスの削減を図り、系統の安定化やエネルギーの効率的な利用を促していく。将来的にはファンドを含め日本全体に再生可能エネルギー発電所を普及拡大していく考えだ。

またＮＴＴは20年5月に日本・欧州・ロシア・米国・韓国・中国・インドが参画する「ＩＴＥＲ国際核融合エネルギー機構」との間で、ＩＴＥＲ計画に関する包括連携協定を結んだ。太陽と同じ核融合反応を地上で再現するＩＴＥＲ計画が実現すれば、環境負荷の低いエネルギー

図表3-1　NTTグループの温室効果ガス排出量の削減イメージ

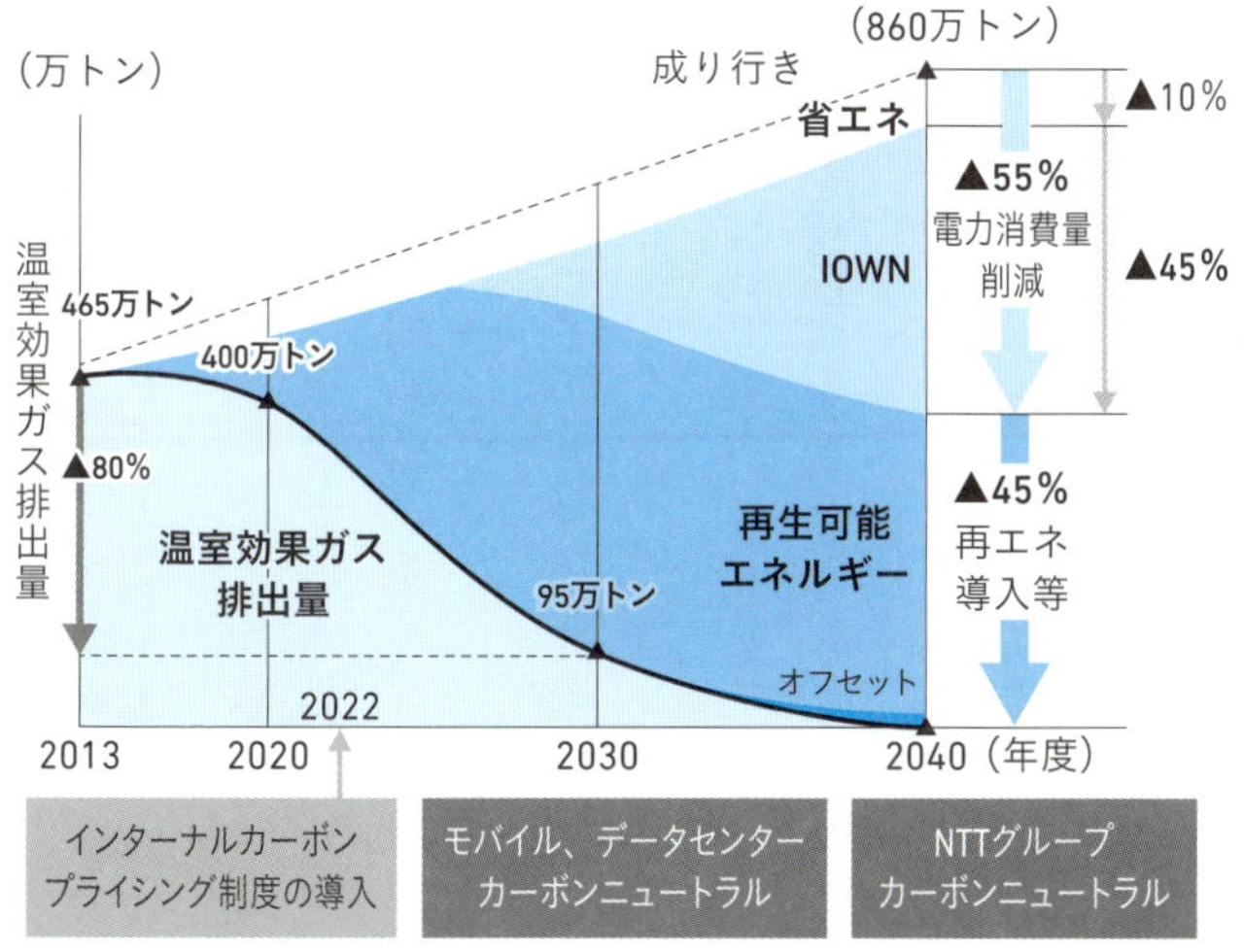

出所：NTT資料より

NTTグループの温室効果ガス排出量イメージ。排出量は増加の一途をたどるが、うち10%を従来からの省エネの取り組み、45%をIOWNの導入による電力消費量削減、残り45%を再生可能エネルギーの導入拡大でカバーしていく。

を莫大に生み出すことができる。連携協定において、NTTはIOWNの技術により核融合炉とコントロールセンターをつなぐ超高速大容量の通信技術などの提供で協力していく計画だ。

NTTでは今後、スマートエネルギー事業を進めるにあたり、多大な資金を手当てする必要がある。そのために21年10月、環境に配慮した事業に使途を限る「グリーンボンド（環境債）」を3000億円発行することを決めた。「5G」

や光通信関連の投資のほか、再生可能エネルギーのプロジェクトなどに充てる考えだ。

電力小売事業の「ドコモでんき」がスタート

21年9月、NTTドコモがグループに先駆けて2030年までにカーボンニュートラルを達成すると発表した。基地局から電波を飛ばす際に多大な電力を消費する同社はグループ全体の電力消費量の3分の1を消費している。全国で約1億8000万台が稼働する国内全体のスマートフォンもかなりのCO_2を排出しており、「スマートフォン18台で車1台分の排出量にあたる」とドコモ副社長の廣井孝史は語る。

カーボンニュートラル達成の一環として、ドコモは電力の調達先を地域の電力会社からアノードエナジーに切り替え、再生可能エネルギーの調達に力を入れる。ドコモショップでは太陽光パネルを設置するなど販売代理店も巻き込んで環境負荷の改善に取り組む姿勢をアピールした。

特に会見の目玉になったのはアノードエナジー経由で調達した電力を小売りする「ドコモでんき」サービスの開始だ。22年3月に事業を開始する予定で、「dポイント」などと連携した「ドコモでんき Basic（ベーシック）」や、太陽光発電などの再生可能エネルギーを積極的に活用した「ドコモでんき Green（グリーン）」といったプランも用意するなど、環境とビジネスの両立を狙う。

電力の使用状況は各人の生活スタイルを表すが、利用者の電力データが多く蓄積されれば、通信技術と掛け合わせた新規ビジネスを創出できる可能性がある。例えば社会問題のひとつとして孤独死が挙げられるが、夜なのに長期間電気を使わない状態が続くなどの異変を察知できれば、孤独死を防ぐためのビジネスも考えられるだろう。

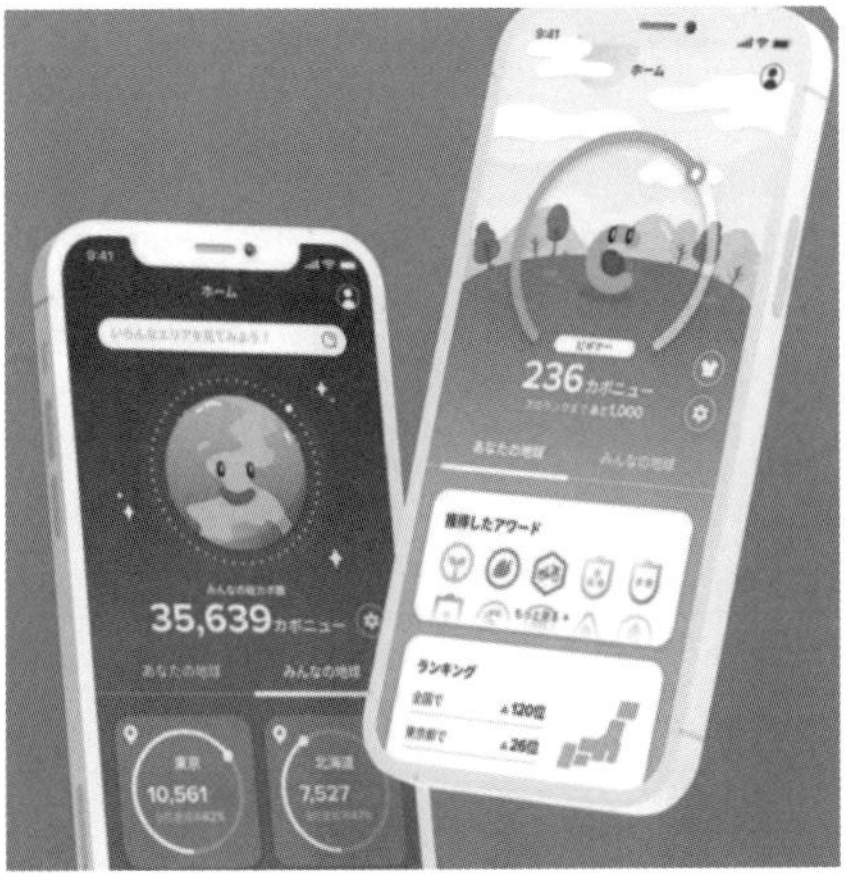

NTTドコモが提供するアプリ「カボニュー」のイメージ

電力の小売りでは16年の電力自由化に伴って参入したＫＤＤＩとソフトバンクには後れをとったが、再生可能エネルギーの弱みだった電力の需給バランスを「蓄電所」などのネットワークを通じて調整するなど、新たな電力インフラの姿を示そうとしている。

「公益的な事業」もミッションの一部

ＮＴＴ社長の澤田はエネルギー事業について「公益的な部分に貢献することでミッションを果たしていきたい」と公言する。社会課題に取り組む姿勢を通じて公益事業者としての役割を果たしていきたい考えだ。ユーザー個人がカーボンニュートラルに対してどれだけ貢献しているかをスマートフォンなどで「見える化」できるプラットフォーム「カボニュー」をドコモが展開していくのもそのひとつだ。パートナー企業などの協力も求めていき、「カボニュー」のプラットフォームに参加するユーザーへのサービス拡充を目指していく考えだ。

第3章

ドローン市場でトップを目指す

ＮＴＴグループの長男・次男といわれるＮＴＴ東日本とＮＴＴ西日本。長年、主力ビジネスだった固定電話の利用者はピーク時の２割程度にまで減り、それに代わる光ブロードバンドも成長が鈍化している。だが、手をこまねいているわけではない。地域に根差した会社として掲げたキャッチフレーズ「地域創生」の取り組みの中で注力している新事業が国内最大級の規模を誇るドローンビジネスだ。

19年４月にＮＴＴ西日本がインフラ設備点検ドローンで「ジャパン・インフラ・ウェイマ

ーク（ＪＩＷ）」を設立、20年12月にはＮＴＴ東日本が農業向け国産ドローンで「ＮＴＴeドローン・テクノロジー」をそれぞれ設立した。

日本の国土面積は米国や中国のわずか４％足らずだが、保有する橋梁は両国と同規模の70万件あるといわれる。33年にはその63％が建設から50年を迎え、橋梁に限らず、老朽化するインフラ設備の効率的な点検やメンテナンスは喫緊の課題だ。

ここに商機を見出したのがＮＴＴ西日本のジャパン・インフラ・ウェイマークだ。ドローンを活用したインフラ点検を提供する企業として、橋梁や鉄塔などを対象に、すでに４０００以上の設備点検で同社のソリューションを提供しており、日本最大規模を誇る。

ジャパン・インフラ・ウェイマークが提供するドローン技術はもともとＮＴＴ西日本の通信インフラを点検するために導入を検討していた。ところが同様に老朽化した重要インフラを保有する電力・ガス会社、自治体などに声をかけたところ、人員減に伴うインフラ点検の作業効率向上など共通の課題を抱えていることが判明。それぞれの会社のノウハウを結集すれば「ＧＡＦＡを超える速度でインフラ分野のＡＩ技術を育てられる」と社長の柴田巧は考えたという。

柴田はＮＴＴ西日本時代からドローン事業の立ち上げに取り組んでおり、ジャパン・インフラ・ウェイマーク設立のきっかけとなった裏話をこう語る。

ジャパン・インフラ・ウェイマークの柴田巧社長

橋などの亀裂を0・05ミリまで発見可能

ジャパン・インフラ・ウェイマークの最大の強みは、米国のドローン・ベンチャー企業、スカイディオのドローン技術を活用した自律運転による点検品質の高さだ。狭い隙間でも素人がぶつからずに飛ばせるという。

仕掛けはドローンに取り付けた合計7つのカメラがリアルタイムに情報を収集、構造物との相対的な距離を自動的に把握して飛行する。国土交通省も唯一、橋桁の中まで入れるドローンとして登録している。

センサー類は使わず、カメラのみで自律飛行するため、磁場による影響なども受けない。高圧電線を点検する際、コンパスなどの通常のセンサーを付けたドローンを飛ばすと、15メートル程度まで近づくと制御不能になるという。柴田らが開発したドローンはロープ作業で人が撮影したようなリアルな映像を取得できる。

映像の精度も50センチまで構造物に近づいて撮影するため、0・05ミリメートルほどのクラック（ひび割れ）でも確認ができるという。ちなみに国交省が定めた基準では0・2ミりのクラックが確認できればよいことになっている。点検用のドローンの技術では世界トップレベルのデータ収集量と品質を誇っている。

日本でドローンが一般的に知られるようになったのは、2015年4月に首相官邸の屋上に小型のドローンが落ちていたという事件がきっかけだ。しかも微量の放射性物質を搭載していたことから、国会で大きな話題となり、航空法を改正する議員立法で瞬く間にドローン規制法が成立してしまった。

橋梁の点検に使うジャパン・インフラ・ウェイマークのドローン

しかしその後、ドローンの性能が急速に進歩し、物流や測量、映像撮影など様々な用途にドローンが利用できることがわかった。そこで政府はドローン規制法で定めていた「目視外飛行禁止」「夜間飛行禁止」「頭上飛行禁止」といった規制を緩和することを決定、22年にも新しいルールが登場することになった。

柴田らがジャパン・インフラ・ウェイマークを設立したのは、まさにこうした規制緩和をにらんだ動きともいえ、より正確な点検ができるようドローン技術にも磨きをかけている。

例えば現在は50メートル四方の範囲でドローンを飛ばしているが、5キロメートル四方のレベルまで広範囲に飛ばせるようにして効率化を図る考えだ。そのため自律制御技術だけでなく、自動制御技術や長距離航行の技術も導入しようとしている。

それが実現すれば、膨大な点検データを収集することが可能になり、そのデータを活かすことで、AI技術による点検の自動化や、さらに診断や修繕までも自動化できるようになり、建造物のライフサイクルに合わせた点検が可能になるという。

将来的には建造物のメンテナンスにとどまらず、施工や建築の段階からドローンの技術を活用することを計画しており、国交省が進める情報通信技術（ICT）を活用した新しい建設プロジェクト「iコンストラクション」の技術要素にも選ばれている。

さらにその先に見据えているのが海外への展開だ。ドローンの活用技術について『我々には世界に先駆けて取り組んでいる優位性がある。ライバルとの協業も含めたオールジャパンで世界に打って出ていきたい」と社長の柴田の夢は大きい。

国産ドローンで農業分野を開拓するＮＴＴ東日本

建造物の点検分野でドローンを利用するＮＴＴ西日本に対し、農業分野を起点にドローンを活用しようというのがＮＴＴ東日本だ。同社が設立した「ＮＴＴ　ｅドローン・テクノロジー」は、佐賀県が発祥のベンチャー企業、オプティム（本社東京都港区）と、ドローンの販売事業を営むベンチャー企業、ワールドリンクアンドカンパニー（本社京都市）と共同で起ち上げた会社だ。

　ラジコン模型のメーカーから国産ドローンの開発会社へ衣替えしたエンルート（本社埼玉県朝霞市、21年6月解散）からドローン事業を譲り受け、自前のドローンを開発するとともに、ドローンの運用支援や収集データの活用プラットフォーム事業などを展開している。そのｅドローン・テクノロジーが最も注力している分野が農薬散布だ。

NTT eドローン・テクノロジーの山﨑顕
代表取締役

　ＮＴＴ東日本は地域に密着し、これまで各地の農業のスマート化を推進してきたが、人手不足に悩む農家や自治体から「ドローンを活用して農作業をスマート化できないか」という具体的な相談がいくつもあったからだという。

　ＮＴＴ　ｅドローン・テクノロジーの代表取締役に就いた山﨑顕は「国内のドローン市場は

19年の1400億円程度から、25年には6400億円規模と4倍超の成長が見込まれる」と話す。農林水産省が19年8月に発表した農業ドローンの普及計画では、21年から本格的な普及期に入るとしており、「今後さらなる需要の増加が見込まれている」と期待を膨らませている。

小型軽量で女性ひとりでも運搬可能なドローン

NTT　eドローン・テクノロジーの事業内容は、①国産ドローンの開発・製造、②ドローンの運用支援、③ドローンを使ったソリューションの提供、④収集データの利活用、といった主に4つの業務だ。

同社が開発した農薬散布用のドローン「AC101」は、機体重量が7・3キログラムと海外の製品に比べ軽量で長時間の飛行が可能だ。小型・軽量のため、軽トラックや軽バンに積み込みができ、女性ひとりでも運搬できる。ひとつのバッテリーで2・5ヘクタールの農地に農薬散布ができる省電力性も特長だ。

農薬散布用のドローンは発売開始から半年程度で数百台を販売し、21年5月からは農薬散布サービスも商用化した。

ドローンの運用支援ではワールドリンクのリソースを活用し、全国に販売・保守ネットワ

図表3-2　ドローンによるデジタル基盤の整備と社会課題解決のイメージ

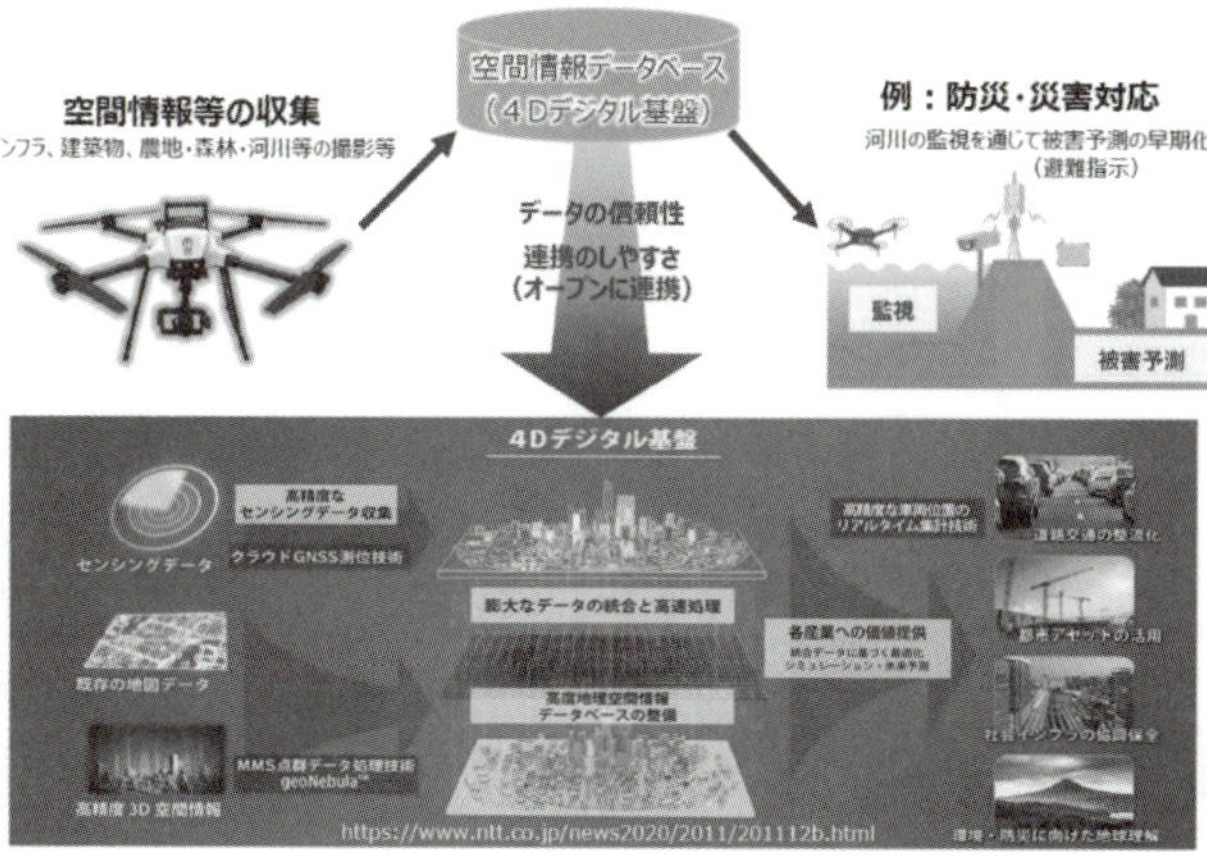

出所：NTT資料より

ークを構築することで定期的なアフターフォローを実現し、一方でドローンのパイロット養成スクール網も展開している。

ドローンを使ったソリューション事業では、保有するドローンをシェアリング型で提供するサービスや、センシング、画像解析などの受託サービス、パイロットの派遣サービスなどを行っている。

今後はAIや高速通信規格の「5G」、クラウドサービス、さらには「日本版GPS（全地球測位システム）」ともいわれる準天頂衛星の「みちびき」などとも連携し、国産ドローンの利用シーンの開拓や技術の育成につなげる考えだ。そうした実証実験では外部の企業や大学などとの共同開発も進めようとしている。

収集データで農業や産業のデジタル変革促す

収集したデータの利活用事業では、飛行データを様々なパートナー企業と共有していくことで農業や産業のデジタルトランスフォーメーション（DX）を促すとともに新たな価値の創出を目指している。

例えば農業分野向けでは、①水稲や麦から露地野菜や果樹へ対象作物の拡大、②可変散布・施肥の高度化、③センシングとの連携などについて新たなビジネスモデルの開発を検討しており、それらを拡充していく構えだ。

今後は農薬散布ドローンの販売を通じて地域の拠点づくりを進め、農薬散布以外の農業分野にも事業を展開し、フードバリューチェーンまで含めたスマート農業での効果的なデータ流通実現に取り組もうとしている。

産業用ではインフラ企業向けの作業機械や建設現場向けの測量機器などの開発も予定している。ドローンを必要とする大手企業や自治体などと連携し、地域社会と一緒にオープンイノベーションを推進していく計画だ。

実はデータの利活用は農業分野の開拓や機体などの開発だけにとどまらない。ドローンが撮影したインフラ、建造物、河川などの空間情報を4D（四次元＝緯度・経度・高度・時刻）のデジタル情報基盤としてデータベース化し、防災や災害対応にも活用するなど、ドローンによるデジタル情報基盤の整備と社会課題の解決を目指していく考えだ。これらの取り組みを通じて、NTT東日本ではドローン事業を22年度に9億円、26年度までに40億円規模の単年度売上高を目指している。

「高品質の国産機」としてグループ各社に提供も

NTT東日本のドローン事業はNTT西日本のインフラ点検ドローン事業と一部重複しているようにも見えるが、NTT　eドローン・テクノロジー代表取締役の山﨑は「農業にフォーカスしている点と機体の開発を自ら手掛けている点がNTT西日本のジャパン・インフラ・ウェイマーク（JIW）とは異なる」と指摘する。

実はJIWとはインフラ点検の分野では連携も始めている。ドコモやNTTデータ、NTTコミュニケーションズの顧客からも国産ドローンの購入を求める声が上がっており、そうした要請には自らが開発したドローンを提供するなどグループ内のドローン事業の連携を始めている。

世界のドローン市場とりわけホビー分野では中国のドローンメーカー、ＤＪＩが圧倒的なシェアを誇っており、産業分野でも低価格の中国製ドローンが勢いを増している。

しかし橋梁や高速道路などのインフラ点検といった分野では、中国製のドローンを使用することに対し、安全保障面からの脅威も叫ばれている。21年度からの政府のドローン調達指針では政府機関を対象に「サイバーセキュリティ確保の観点からリスクが高いものについてはできるだけ速やかにリスクが低いものへ置き換えを進める」としており、中国製品を事実上排除する流れがある。すでに一部の公共機関が中国製ドローンの使用を見送っている。

その意味でも「国産ドローン」に対する期待は非常に高く、ドローン事業に本格的に動き出したＮＴＴグループが国産ドローンメーカーとしても最大手の一角となるのは時間の問題といえよう。

第4章

グループ挙げ農業ＤＸの仕掛け人目指す

農林水産省の「２０２０年農林業センサス」によると、全国の農業経営体（家族などの個人、および農業法人など）の数は、２００５年の約２００万事業者から20年には約１００万事業者に半減した。この数字だけを見ると日本の農業は危機に直面しているように見える。

　こうした中で田畑など圃場の集約が進み、一経営体あたりの経営耕地面積は過去6年間に20％増加している。大手商社やベンチャー企業などが仕掛ける「農業ＤＸ」の格好の舞台が作られつつある。

　ＮＴＴ東日本は19年にＮＴＴグループ初の農業専業会社である「ＮＴＴアグリテクノロジー」を設立。それを核に自治体やＪＡなどと農業ＩＣＴ実証試験を始め、その積極的な姿勢はグループの中でも特に際立っている。

　監視カメラの設置から始まったＮＴＴ東日本の農業ビジネスは、温度や湿度などといった環境データを利用してより効率的な農業ができないかという要望からスタートした。農業者向けに各種センサーを利用したＩｏＴソリューションの提供を開始しているが、こうしたＮＴＴアグリテクノロジーの取り組みから代表的なものをいくつか見てみたい。

●自社ファームを山梨県に設立
　山梨県の農業ベンチャー企業、農業法人サラダボウルと連携し、山梨県中央市に約１ヘクタールの自社ファームを設立。21年4月に竣工し、リーフレタスの栽培を開始した。この自社ファームでは大規模な温室で複数の環境因子（温度、湿度、二酸化炭素量など）をＩＣＴの技術で制御することにより、周年・計画生産の実現や収穫量を向上させることを目的とした実証試験を行っている。

また労務管理や経営管理、従業者の健康・安全管理などの農業に関する一連のプロセスに関する試験も実施している。

●ローカル５Ｇを活用した遠隔支援で担い手不足を解消

ＮＴＴ東日本、ＮＴＴアグリテクノロジー、東京都農林水産振興財団の３者共同で、ローカル５Ｇを活用した遠隔での農作業支援の実証試験を21年6月から本格的に開始した。

高精細の４Ｋカメラやスマートグラス、遠隔操作走行型カメラなどを活用し、東京都調布市にある「ＮＴＴ中央研修センタ」内に建設された「ローカル５Ｇ実証ハウス」内での様々な映像情報をローカル５Ｇを使って高精細映像で伝送し、遠隔での農業指導に役立てる。

22年度以降は遠隔操縦ドローンを活用した全体俯瞰映像による作物の生育状況を把握できる農業支援の効率化策も実験する。

●全農と共同で「遠隔栽培指導センタ」を開設

ＪＡ全農と共同でスマートデバイスを活用し、施設園芸生産者と圃場の映像、音声、環境、生育調査データなどを共有する「遠隔栽培指導センタ（コックピット）」をＮＴＴ中央研修センタ内に設置し、21年秋から実証試験を開始する。

コックピットを活用することで生産現場とリアルタイムに情報を共有することが可能になり、現場への実訪問と近い精度で遠隔栽培を指導できるようになる。こうした試みでより多くの生産者の要望に応えることを目指す。

ローカル5G実証ハウス（東京都調布市）の様子

●ＩｏＴを活用した鳥獣害対策とジビエ産業による地域活性化

千葉県木更津市ではこのところイノシシによる農作物の被害が急拡大しており、高齢化した猟師の巡回稼働の減少が大きな課題となっている。

そこでNTT東日本では野生鳥獣の生態を把握し、捕獲の効率化を目的とした「鳥獣害対策プロジェクト」を19年に開始した。檻にはセンサーやカメラをつけて遠隔から動物の確保状況が可視化できる仕組みだ。

猟師についても移動を効率化し、一度に管理できる檻の数を増やすなどデジタルトランスフォーメーション（DX）に取り組んでいる。捕獲の効率化を図ったことで、季節ごとの食材を提供するジビエ業者が迅速に処理できるようになった。特産品についても品質が向上するきっかけになった。

このほかにもNTTグループでは様々な実証試験を進めている。それらの試験を経て、NTTアグリテクノロジーでは農業DXに関する知見を着実に蓄積している。

次の段階としてはICT活用による「稼げる農業」の実現に挑戦していくという。具体的にはAIを活用した着果促進剤の噴霧場所を効率的に特定したり、ロボットやドローンを活用して農薬の自動噴霧による農作業の効率化実験などを計画している。

これらの実験は人間の勘や経験に頼ることなく、効率的な農業を行えるようになる点で期待は大きい。こうした技術が実用化できれば、農業未経験者でもベテラン農家と変わらない栽培が可能となり、新規就農のハードルが大きく下がるからだ。

ＩＣＴ投資の農家負担をどう支援するか

農業ＤＸ技術を実際のソリューションとして農家などに実装していくのは23年度以降になるが、事業化にあたって壁となるのが導入コストだ。農業ＤＸに関する最新の設備を一式導入するには規模にもよるが数千万円単位の投資が必要で、中小規模の農家にとって負担は大きい。

ローカル５Ｇについては複数の農家でシェアリングする仕組みを検討しているが、具体策は今後の課題だ。ＮＴＴ東日本社長の井上福造は「新規事業の中でも農業分野は特に手ごたえがある」と断言するが、本当に日本の農業に大変革を起こすためには、現行の監視カメラやセンサー類を超えた先進ソリューションを少ない初期負担で導入できる仕組みをいかに作れるかが鍵となる。

ＮＴＴ東西は地域の電話と光回線のサービスを主要事業としているが、こうした回線事業は頭打ちとなり、「地域の困りごとをＩＣＴで解決する企業」への転身を図ろうとしている。井上は「私が社長に就任してから、分野を限らずに地域社会の様々な困りごとにアプローチするよう現場に指示した」と語る。そうした取り組みの結果、最初に出てきたのが農業に関する相談だったという。

一方、NTT西日本の農業への取り組み姿勢はどうか。農業DXに関する実証試験としては岡山県真庭市での取り組みが注目される。地元大規模農業法人の青空株式会社や愛媛大学と共同で、ドローンで撮影した画像をAIなどで解析し、レタスの生育状況や収穫にベストなタイミングを判断するというものだ。

18年からは大阪市にあるNTT西日本の自社ビルに設けた植物工場でイチゴを試験的に栽培、21年8月には収穫したイチゴを「あべのハルカス近鉄本店」内の専門店で販売するなど、農業分野にも前向きに取り組もうとしている。

農業ビジネス統合のシナリオづくりが鍵に

NTTグループの農業ビジネスの将来を俯瞰すると新たな課題も見えてくる。地域の活性化や地場産業の育成には農業分野への取り組みは欠かせない。しかし現段階ではNTT東西やNTTドコモ、NTTデータなどグループ各社がそれぞれバラバラに取り組んでいるというのが実情だ。

今後の課題としてはNTT持株会社が音頭を取り、グループ各社の農業DX事業を特定の子会社などに集約するということも必要になるだろう。農業DXに関するグループのリソースをひとつにまとめることで、ローカル5Gやドローンといった最新技術を効率的に配備することができるようになるからだ。

第5章

スポーツを地域活性化の起爆剤に

オンラインで競技を競うeスポーツ市場は今やゲーム会社だけではなく、様々な業種・業界の企業が相次ぎ参入し、世界中で盛り上がりを見せている。ＮＴＴ東日本も２０２０年１月からeスポーツ事業に参入し、大きな関心を集めた。

ＮＴＴ東日本が設立したのは東京都新宿区に本社を置く「NTT e-Sports（ＮＴＴ　eスポーツ）」という新会社で、同社以外にもＮＴＴ西日本やＮＴＴグループの広告宣伝活動などを担うＮＴＴアド、ＮＴＴアーバンソリューションズのＮＴＴグループ4社が出資、外部からも衛星映像配信のスカパーＪＳＡＴホールディングスやアミューズメント施設運営会社のタイトーが資本参加した。ＩＣＴを活用したeスポーツ施設の運営や教育事業、動画配信などのプラットフォーム事業、それにイベントの開催や地域活性化へのコンサルティング事業を行う。

ＮＴＴグループでは以前から地域の活性化や地方創生を重要なミッションとして掲げ、ＩＣＴを活用した地域の課題解決を進めてきた。そうした各自治体との話し合いの中で出てきたのが「地域活性化にｅスポーツを活用できないか」という相談だ。18年頃から急速に増えてきたという。

ＮＴＴ東日本社長の井上は19年1月初め、ｅスポーツ事業に本格参入することを表明し、その後、大急ぎで準備を進め、翌年1月に設立したのが「ＮＴＴ　ｅスポーツ」だ。

ＮＴＴ　ｅスポーツの副社長を務める影澤潤一は学生時代からｅスポーツのプレーヤーとしてだけでなく、ｅスポーツの動画配信やｅスポーツイベントの企画運営などに幅広く関わっており、それが井上の目に留まった。影澤は新会社の立ち上げから新規事業に携わることとなったが、もともとＮＴＴ東日本のビジネス開発本部時代にも組織横断で様々な新規事業を生み出しており、そうした経験がここでも大いに役立った。

新会社ではｅスポーツ施設事業、サポート・教育事業、プラットフォーム事業、イベントソリューション事業、地域活性化コンサルティング事業の5つを事業の柱とし、そのシンボルとなる施設として、東京・秋葉原の電気街にあるＮＴＴ都市開発の大規模複合ビル「秋葉原ＵＤＸ」内にｅスポーツ施設の「eXeField Akiba（エグゼフィールドアキバ）」を20年8

月にオープンした。

施設名の「eXe（エグゼ）」は「エンターテインメント（Entertainment＝娯楽）、エデュケーション（Education＝教育）、エンタープライズ（Enterprise＝事業）といった『e』から始まるコンセプトと『eスポーツ』とを掛け合わせており、様々なトライアルを通じて新しい価値を世に出していく場にしていきたいという思いを込めている」という。

NTT　e-Sportsの影澤潤一副社長

一見するとゲームセンターのようにも見える施設は、バックヤードに通常置かれる映像配信機材やシステムラックをあえて外から見えるように設置し、一般の人も気軽に入れるような開放的なスペースにしている。これからeスポーツを事業として始めたい、eスポーツを地域の活性化に役立てたいといった企業や自治体などの責任者も見学に来られるようにしている。

ＮＴＴグループやスカパーＪＳＡＴ、タイトーなど新会社に出資した企業が持つ通信や映像配信などの技術やサービスを総動員し、新たな体験を創出したり、オンラインで様々な拠点をつないだりしていくという新しい事業スタイルの創造を実現していこうとしている。

東日本の局舎フロアをeスポーツ会場に

ＮＴＴグループがeスポーツの拠点を構える場合、自治体や民間企業の施設を活用することもあれば、ＮＴＴの局舎を貸し出すこともある。20年10月には神奈川県横須賀市とＮＴＴ東日本と共同でeスポーツによる横須賀市の地域活性化に向けた取り組みを始めた。その施策のひとつとしてＮＴＴ横須賀別館ビルの1フロアを開放し、地域のコミュニティスペースとして活用することにした。

自治体からeスポーツ施設を作りたいという要望があれば、ＮＴＴ　eスポーツがコンサルティングを行い、施設の構築から運用、支援まで担う。eスポーツは会場だけでなくオンラインで行われることも多く、通信技術との親和性が非常に高い。

ＮＴＴ　eスポーツ副社長の影澤は「スポーツやエンターテインメントイベントなどと同様に、eスポーツもリアルで競技や観戦ができるのがベストだが、オンライン上でもリアルの世界と遜色がないものを提供することが我々に課せられたミッションだ」と強調する。通信事業者ならではの新しいeスポーツのあり方を提案しようとしており、将来的には全国にある局舎などをつないだ大規模なオンライン競技なども検討していきたい考えだ。

コロナ禍を受け、東京への一極集中に歯止めがかかったところもあるが、今も若者が都市部に流出してしまう現象は続いている。過疎化の背景には就業機会の問題だけでなく、地域に若者が喜ぶような施設やイベントがないことも影響している。

地域の活性化や街おこしには新しいことを体験できる場所や機会を地元に作ることが極めて重要で、その点でもｅスポーツは新たな地域活性化策となりうる。そのため社会人が真剣にゲームに打ち込める場として、企業による対抗戦も企画している。

ｅスポーツへの取り組みが地元企業のリクルーティングに効いているというケースもある。影澤は「単発的なイベントの開催ではなく、コミュニティを活性化させ、地元に根付かせることが重要だ。ゆくゆくはｅスポーツを都市対抗野球のような形にできれば」と夢を語る。

ｅスポーツが5G民主化の鍵

ｅスポーツは海外では一大産業に発展しているが、それに比べると日本のｅスポーツはまだまだ盛り上がりに欠けている。理由は2つある。ひとつは海外では高額な賞金を用意した大会が開催できるのに対し、日本では法律の観点からそれが難しいという点だ。

2つめの理由はeスポーツに対する認識のギャップである。「eスポーツ」という名称からはゲームの対戦競技をイメージしにくい。というのも日本では「スポーツ＝体育」という意味にとらえられがちだからだ。スポーツの本来の意味は「競う」ということであり、日本独特の言葉づかいの違いが普及を阻む壁となっている。

そうした中、日本でeスポーツを広める有力な武器と期待されているのが高速通信規格の「5G」だ。5Gには高速大容量、超低遅延、同時多数接続という3つの大きな特徴がある。これをeスポーツの配信に活かせば臨場感のある映像配信が可能になるとして実証実験が進んでいる。

そのひとつがNTT東日本が北海道旭川市と進めているIT関連企業誘致施設の「ICTパーク」内に設置したeスポーツ競技場の「コクゲキ」だ。ローカル5Gによる通信システムを構築し、複数のプレーヤー同士が遠隔で競技できる仕組みづくりを実証実験している。NTTグループは自治体との密接なリレーションが強みであり、eスポーツ事業もその関係をベースに展開していく考えだ。eスポーツと合わせて、スタジアムやアリーナ、商業施設なども民間企業に提供していく。

NTT　eスポーツのビジネスモデルは、相手方の要望に応じて事業全体のコンサルティングとエンターテインメントを主軸に提供し、NTT東西などグループ各社と共同してこれらを支える通信インフラを一緒に整備していく点に特徴がある。

地域のあらゆる課題を解決することがＮＴＴグループの目的であり、ｅスポーツはその有力な選択肢のひとつである。ＡＩやロボティクスなどのＩＣＴソリューションと合わせ、ｅスポーツを新たな課題解決の手段にしようとしている。

ＡＩカメラを使ってスポーツ映像を撮影・配信

ＮＴＴ東日本がｅスポーツをテコに地域の活性化を図ろうとしているのに対し、ＮＴＴ西日本ではリアルスポーツの映像配信に新たなビジネスチャンスを見出そうとしている。

東京オリンピック・パラリンピックでも日本選手の活躍が見られたように、スポーツ業界では近年、世界で活躍する日本人選手が増加している。米国メジャーリーグのロサンゼルス・エンゼルスで活躍する大谷翔平選手もそのひとりだが、そうした選手らの映像を配信したり関連グッズを販売したりする新たなスポーツビジネスが広がっている。そうしたリアルスポーツに目をつけたのがＮＴＴ西日本だ。

２０２０年4月、ＮＴＴ西日本は朝日放送グループ・ホールディングスと共同で、地方開催のスポーツゲームを中心にその映像をネット配信するサービス会社「NTT Sportict（ＮＴＴスポルティクト）」を設立した。

NTT西日本、朝日放送グループHDの共同記者会見の様子
（左から2人めが中村正敏社長、3人めが白井良平取締役）

社名は「Sport（スポーツ）」と「ICT」を組み合わせたものだ。サービスの特徴はパノラマ撮影した映像からAIが自動でボールや選手の動きを判別し、編集・配信をする点だ。一連の作業が無人でできるという。このサービスのもととなっているのがイスラエルのベンチャー企業、ピクセロットが開発したAIカメラだ。

100人が見る試合を1万試合配信

NTTスポルティクトの初代社長に就いた中村正敏は「当社のコンセプトは100万人が見る試合を1試合放送するのではなく、100人が見る試合を1万試合配信すること」だと語る。

実は国内のスポーツ映像配信コンテンツの多くは、メジャーなスポーツや全国区の試合が配信されていることが多く、地方の大会やアマチュアスポーツの大会に関する映像コンテンツを配信している放送局は意外と少ない。映像配信には機材やスタッフの配備などに多額のコストがかかることから、地方の大会やアマチュアスポーツの大会では採算がとれないからだ。

　そこでＮＴＴ西日本に勤めていた中村のところに「その壁を突破できるシステムがある」と話を持ち込んできたのが朝日放送グループに勤めていた中村の友人、後のＮＴＴスポルティクト取締役の白井良平だ。

NTT　Sportictの中村正敏社長

　イスラエルのピクセロットが開発したＡＩカメラ「Pixellot（ピクセロット）」は撮影したパノラマ映像からＡＩが選手やボールの動きを踏まえた視聴映像を自動的に切り出すことができる。

「最初に映像を見た時、とても驚いた。どうやって撮影しているのかもまったく理解できなかった」と白井は興奮ぎみに話す。「米国では大学スポーツをいつでもどこでも見られるのが普通。日本でもチャンスはある」と中村を説得し、「これはいける」と直感した中村もすぐにビジネス化を進めたという。

　新会社のＮＴＴスポルティクトの起ち上げはコロナ禍でのスタートとなったが、競技場に設置するカメラの数は順調に増えている。地域はＮＴＴ西日本の管内以外にも広がっている。話を聞きつけた施設運営者などから「ぜひ取り付けてほしい」と商談が舞い込むケースもあるという。

ＮＴＴ西日本には高品質で安定した通信ネットワークやＩＣＴの技術があり、朝日放送グループには長年培ってきたスポーツ映像制作の技術がある。中村と白井はそれぞれの会社で新ビジネスの事業化を訴えた。ＮＴＴ西日本で5年前から「オープンイノベーション推進室」を設けて外部との連携を含めた新規事業の起ち上げを模索していた中村の熱意もあり、事業化が決まった。

事業化に向けてはＡＩカメラを用いた自動撮影や自動配信など様々な実証実験を繰り返し、事業として採算がとれるのかどうか、実験に協力してくれたスポーツ関係者とも議論や試算を繰り返したという。低コストかつ容易にスポーツ映像を撮影・編集し配信できる映像配信プラットフォームができれば、「地方におけるスポーツ大会やアマチュアスポーツの発展に大きく貢献できる。地域に根差した通信事業者らしいビジネスになる」と中村らは考えている。

第6章

姿現した眠れる不動産大手

ＮＴＴは国内有数の大手不動産会社だと言われても、すぐには信じ難いかもしれない。実はその会社にあたるのがグループ会社のＮＴＴアーバンソリューションズだ。

ＮＴＴアーバンソリューションズの前身となる不動産開発会社、ＮＴＴ都市開発が設立されたのはＮＴＴが民営化された翌年の１９８６年1月。「ＮＴＴグループが保有する公共性の高い、かつては国民の共有財産だった土地や資産を活用し、地域の街づくりに貢献する」という思いのもと、事業をスタートした。

東京の都心部は当時、高度情報社会に対応できるようなインテリジェントビルはあまりなく、その草分けとしてＮＴＴ都市開発が開発したのが東京都千代田区大手町1丁目にある「大手町ファーストスクエア」ビルだ。もともとの名を「ＮＴＴ千代田ビル」といい、最先端の情報技術を備えたオフィスビルとして再開発し、現在はＮＴＴ持株会社も本社として使っている。

99年にはＮＴＴが全国に持っていた不動産会社5社を合併し、地方の中核都市など全国で不動産事業を開始することにした。開発した全国のエリアのうち地方の物件が占める割合は約35％で、三井不動産や三菱地所などの不動産大手の比率が約10％であるのに比べ、地方の不動産市場で圧倒的な強みを誇っている。

ＮＴＴ都市開発は住宅マンションの分譲や海外事業の展開にも乗り出し、２０１５年にはホテル・リゾート事業にも参入、「東京オペラシティ」や「秋葉原ＵＤＸ」などを開発した総合不動産デベロッパーとして急速に存在感を高めている。

ＮＴＴ都市開発は10年度には不動産投資信託（ＲＥＩＴ）などを手掛ける投資会社「プレミア投資法人」の持ち分を取得、現在は「ＮＴＴ都市開発リート投資法人」と社名を改め、私募ＲＥＩＴを活用して運用資産残高（ＡＵＭ）を急拡大している。

人材開発会社のダイヤモンド・ヒューマンリソースが22年3月卒業予定の理系女子大学・大学院生を対象にした就職先人気企業ランキングでも、ＮＴＴ都市開発は第3位の三井不動産をおさえ、森ビルに次ぐ第2位にランキングされている。

しかしグループ売上高が約12兆円にも上るＮＴＴグループにおいては不動産事業の占める割合はそれほど大きくなく、グループの部門別売上高でも「その他」に分類されてきた。ところがＩＣＴの技術が発達し、スマートシティ事業など街づくりそのものに通信が深く組み込まれるようになると、ＮＴＴ都市開発の存在がぜん大きな意味合いを持ってきたのである。

「NTTアーバンソリューションズ」に不動産事業を集結

そこでNTT持株会社が考えたのが、NTT都市開発とビルや電力関連のエンジニアリング事業などを営む「NTTファシリティーズ」を傘下に置く中間持株会社として不動産やスマートシティ事業を総合的に手掛ける「NTTアーバンソリューションズ」を設立、グループの新たな経営の柱にすることだった。アーバンソリューションズの初代社長に就任した中川裕は「その意味では不動産事業はもはや『その他』ではなくなった」と話す。

NTT都市開発はNTTデータ、ドコモに次ぐグループ内3つめの上場企業だが、統合に向け19年1月に上場を廃止し、NTT持株会社の完全子会社となった。

そしてNTT都市開発とNTTファシリティーズをそれぞれ子会社とする形で19年7月に設立したのがNTTアーバンソリューションズだ。

NTTグループは18年11月に発表した中期経営戦略の柱のひとつに「不動産の利活用（街づくりの推進）」を掲げている。NTT都市開発の累計開発面積は200万平方メートル以上あり、全国に約100棟のビルを保有している。そのほとんどはオフィスビルで、NTTとしてはNTT都市開発の資産を活用し、コロナ禍を機に急速に進んだスマートオフィスや

NTTアーバンソリューションズの中川裕社長

スマートシティ事業に注力していきたい考えだ。

アーバンソリューションズ社長の中川は「建物を作ってそこにいいテナントを入れて、という形の再開発はある程度限界にきている」と語る。

オフィスマーケットに関しては18～20年にかけて大手町や日本橋、品川などを中心に新規ビルの開発ラッシュがあった。競争は激化しており、より一層の差別化を図ることが求められている。不動産開発機能を担うＮＴＴ都市開発と、ＩＣＴや建築、エネルギー管理、環境技術といったエンジニアリング機能を持ったＮＴＴファシリティーズが力を合わせることで、街づくり事業を推し進め、ほかの不動産大手とは異なる価値を提供しようとしている。

スマートシティ事業でも、アーバンソリューションズが街づくり事業推進会社としてＮＴＴグループ全体の窓口となり、情報を一元化し、ＮＴＴ都市開発が不動産の取得や開発を進め、ＮＴＴファシリティーズが施設の構築を担っている。

もともと政府の通信事業としてスタートしたＮＴＴは全国に電話局や通信のための設備を

持ち、これにオフィスビルなどを加えると、日本国内に約8500カ所もの拠点を持っている。「地元とのパイプがあり地元の声を引き出せるのは全国にあるNTTグループの営業拠点だ」とNTT東西などグループ会社との連携にも中川は期待を寄せる。

AIを活用した街づくりを進める

NTT都市開発とともにアーバンソリューションズのスマートオフィス事業を支えるNTTファシリティーズは、NTTグループにおける電力や建築分野を支えるエンジニアリング企業として1992年に発足した。

現在はAIを活用した工場におけるエネルギーコストの最適化や、ICTを活用したオフィス環境の構築といったサービスを展開している。様々な研究開発にも力を入れており、東京都江東区に「NTTファシリティーズ　イノベーションセンター」を構えている。

これらの研究開発リソースを活用し、アーバンソリューションズは従来の不動産開発にとどまらず、ICTを最大限に活かした街づくりへ事業モデルの転換を図っている。NTTではこれを「街のデジタル化」と表現している。

21年2月にはNTTが掲げる光情報通信基盤「IOWN」の技術を活用した「街づくりDTC（デジタルツインコンピューティング）」により、未来の街づくりに向けた技術開発

NTT本社が入る大手町ファーストスクエア（東京都千代田区）

と実証実験を行うと発表した。

この「街づくりＤＴＣ」では、環境・モノ・人などのデータを様々なサービス単位でとらえ、デジタルツイン技術を活用して快適性と街全体の最適化を両立する新たな仕組みづくりを目指している。このシステムが実現できれば、人々のそれぞれ置かれた状況などをもとに彼らの行動を予測し、最適なサービスを人々に提供することができるようになるという。

例えば最適な食事ができる場所の提案だ。人々の毎日のスケジュールから食事を摂る時間をデジタルツイン技術が予測し、健康状態のデータから最適な食事メニューを導き出し、それを提供できる店の混雑予想などを考慮して最適な場所を提案する。仮にその場所が離れていたならば、最適なタイミングでタクシーなどのモビリティ手段を自動で予約することも可能となる。

街全体の様子についても、デジタルツインが人々の密集しているエリアを常時把握することにより、必要に応じて警備ドローンなどを配置することができるという。

こうした街づくりは国内にとどまらず海外での展開も狙っている。アーバンソリューションズではすでに米国やヨーロッパ、オーストラリアなどを中心に建物や街の開発などを進めている。

ＮＴＴグループとしてはほかにもラスベガスで18年9月から地元当局と一緒に進めているスマートシティの共同実証実験で、高解像度カメラや音響センサー、ＩｏＴデバイスなどを配備し、クラウドやネットワーク、ＩＣＴリソースなどを一元管理運用できる「コグニティブ・ファウンデーション」という仕組みを導入している。

市内の人々の移動や交通パターンを解析して交通渋滞や犯罪などをいち早く検知し、初期対応時間の短縮を図っている。これによりクルマの逆走件数を減らすなど交通状況の改善が見られたという。

今後もこうした街づくりを広げていき、不動産資産とＩＣＴのノウハウの両方を持つＮＴＴグループにしかできない独自の取り組みを行い、グループ内の「その他」事業を主要な事業の柱へと変えていく考えだ。

井上福造

ＮＴＴ東日本社長

◎ＧＩＧＡスクールなどで20年度は10年ぶり増収増益実現
◎新分野として農業、ドローン、デジタルアートに期待
◎「ローカル５Ｇ」などで地域単位のネットワーク創造

——ＮＴＴ東日本は今、どういった状況に置かれていますか。

ＮＴＴ東日本は発足から約20年間、減収が続く電話事業の穴をブロードバンドなどのＩＰ系事業でカバーしようと取り組んできましたが、結局、カバーしきれませんでした。光通信回線の卸事業も増えてはいますが、一巡している感があります。

では将来どうしていくかといえば、まずはシステムインテグレーションや高付加価値サービス、保守などの分野を中心に成長領域にしっかり取り組んでいく考えです。２０１８年の社長就任会見時に「増収基調に持っていく」と言いました。当時は23年度まで5年くらいはかかりそうだなというのが正直な気持ちでしたが、コロナ禍でリモート需要が急拡大し、GIGAスクール構想が3年前倒しになったりした結果、想定より3年早く、20年度に増収増益となりました。

しかし、これは必ずしも我々の実力が反映した数字だとは言えません。現場の実力は追い付いていないと言わざるを得ないでしょう。とにかく急いで実力をつけていかなければならないというのが現在の課題です。

――NTTグループ内でのNTT東日本の役割と事業展開の方向性は?

地域通信会社としてのNTT東日本の存在意義を突き詰めて考えると、我々はイノベーションを起こす会社ではなく、イノベーションの技術を実装する会社だと考えています。これまでの電話や光回線だけでなく、今はデジタルトランスフォーメーション（DX）やIoTなどとセットで事業領域を広げていかないと社会課題に応えていけません。

今までお付き合いの薄かった分野にももっとコミットしていかないと地域社会に貢献はできません。ニーズの強い分野をまずはやってみて、順次新しい事業として立ち上げていきます。こういった取り組みを積み上げていけば、地域会社らしいスマートシティ、スマートネットワークへの取り組みができるのではないかと思っています。

——実際に手応えを感じている分野はどんなところですか。

農業です。第1次産業は地域の1丁目1番地です。最初は個人農家のサポートから始まりましたが、大規模施設園芸を将来的にやらないといけないとわかり、ハウス園芸中心にサービスを提供する「NTTアグリテクノロジー」という会社を作りました。また農薬散布は体にきつく、適正管理も難しいことから、ドローンを使ってやれないかという話があり、「NTT　eドローン・テクノロジー」を設立しました。

農業は地域の文化ともつながっていますので、地域の文化伝承のために後継者の高齢化対応をサポートする一方で、散逸していく文化資源をデジタル化してきちんと管理していくために「NTTアートテクノロジー」も作りました。

——日本のICT産業は以前より弱くなったといわれますが、どう見ていますか。

我々は回線交換技術、光通信技術の全盛の時代に生きてきましたので、ソフトウエア産業としてのインターネットが見えていませんでした。ソーシャル・ネットワーキング・サービス（SNS）のようなコミュニケーションサービスをなぜ世界の電話会社が提供できなかったのかと言われれば、もう沈黙するしかないわけです。セキュリティなどインターネットの足りないところを補完する「ＮＧＮ（次世代ネットワーク）」の技術で復権しようとか、いろいろなチャレンジはありましたが、やはり従来技術の延長みたいなものでした。既存のネットワークの中で作ろうとしていましたから、まさにイノベーションのジレンマです。

だから澤田もそこが悔しいんですよね。私も悔しいです。そこで何とかゲームチェンジしたいという思いで出てきたのが光情報通信基盤の「ＩＯＷＮ」です。ビヨンド５Ｇや６Ｇの時代をにらみ、10年後の長期構想で復権しようと考えています。２０３０年までに個別に出てくる要素技術を地域ネットワークの中に実装していくのがＮＴＴ東日本の役目です。

——今後、通信に求められることは変わっていくのでしょうか。

今までは人間の活動をサポートするのが通信の役割でしたが、これからはマンパワーを補完する技術や、ＩｏＴのように人の働きを前提としない通信が求められていきます。私は「プライベートネットワーク」と呼んでいますが、コミュニティ単位のネットワークの中でエリアごとにデータを活用することが、地域社会の生産性を高めるのに絶対に必要だと思っています。

我々はそうした生活経済圏を束ねるのにちょうどよい単位で電話局舎を持っていますので、そこをエッジコンピューティングの拠点として活用し、社会全体でシェアリングしていきたいと考えています。

プライベートネットワークを作る際には「ローカル5G」が力を発揮します。固定と無線をひとつのパッケージにしたネットワークをプロデュースすることが今後の大きな仕事となります。そのためには技術のリソースとして、固定回線、無線、コンピューターをひとつにしていく必要があります。そうした力をNTT東日本の中でもっと育てていきたいと思っています。

小林充佳

NTT西日本社長

◎5年で100億円を投資し、地域を活性化
◎ソリューションや新領域を売上高の5割に
◎大阪万博で「IOWN」の一部をお披露目

――NTT西日本としては、どのような会社を目指していますか。

地域に根差した会社ですので、それぞれの地域に存在する様々な社会課題をICT（情報通信技術）の力でお客様と一緒に解決する、そういうパートナーになりたいと考えています。私はそれを「ソーシャルICTパイオニア」と呼び、NTT西日本のスローガンとしています。

また、もう少しわかりやすく「地域のビタミン」のような存在になりたいとも言っています。人間は意識せず食事を通じてビタミンを摂取し、楽しく快活な生活を送っていますが、ＩＣＴも同じで、意識して使うのではなく、サービスの後ろにあればいいと思っています。ＩＣＴをうまく使っていただくことで、世の中をもっと豊かにし、企業の活性化につながると考えています。

ＮＴＴ西日本の対象地域は30府県ありますが、地域ごとに山積している課題は似ているようでそれぞれ違います。各府県知事とも話をしながら一緒に課題に向き合って解決し、地域を元気にする「ビタミン活動」に2年以上取り組んでいます。

本当の成果はこれからですが、実証実験や連携協定を結ぶ活動が根付いてきて、これをさらに推進するための新会社「地域創生Ｃoデザイン研究所」を２０２１年7月に設立しました。それぞれのエリアで進めようとしても、人がいないとかお金がないといった話もありますし、継続的に課題に取り組んでいくためにはどんな仕掛けが必要かという話も出てきます。

そうした課題に対応するノウハウを蓄積して、横断的にサポートするのが目的です。新会社を通じて5年間で１００億円規模を地域活性化のために投資し、本気で支援していきます。

――通信事業者としてのビジネスの取り組み方も大きく変わりましたね。

これまで扱ってきた電話、ネットワークは設備産業ですので、在庫をたくさん抱えてそれをどう売りさばくかという、プロダクトアウト型のビジネスモデルでした。もちろんそれもやっていきますが、地域の課題は一律ではないし、こちら側が押し付けるものでもないので、やはりマーケットイン型で解決していかなければなりません。

ＮＴＴ持株会社社長の澤田からは「おまえたちは地域の顔になれ」といつも言われていますが、困った時に「ちょっとＮＴＴに相談してみるか」という関係を作らないといけない。電話やネットワークだけでなく、ＮＴＴってこんなこともやっているんだということを理解してもらう必要があります。

――新しい取り組みにより事業の売上高構成も変わっていきますか。

私が社長になったのは２０１８年ですが、固定電話や光サービスのプロダクトアウト型が8割、お客様と一緒に考え課題を解決するソリューションや新しい領域が2割でした。25年までにそれぞれ5割ずつにしたいと考えています。

ソリューションや新しい領域は4つの分野で取り組みます。ひとつめはネットワークサービスに紐づく様々な課題解決ソリューション、２つめはそのソリューションに紐づく通信サービス以外のＢＰＯ（ビジネス・プロセス・アウトソーシング）、３つめは全く異なる分野や新領域でのソリューション、４つめはモバイルキャリアのインフラをサポートする「キャリアズキャリア（通信事業者のための通信事業サービス）」です。

新型コロナウイルスの影響もあって、20年度は１９９９年のＮＴＴ西日本設立以来初の増収になりましたが、それまではずっと減収続きでした。当初2兆７０００億円ほどあった売上高は1兆５０００億円まで減りました。若い社員からすれば右肩下がりの会社に将来の夢なんて持てないでしょう？

ですから、今後の経営計画の内容は足元を見るだけでなく先を見て、自分たちがこうなりたいという目標や想いを持ち、そこからバックキャストして今は何をすべきかと発想するようにしています。まさに１９６０年代に米国が掲げたアポロ計画の「ムーンショット」です。

利益が出ていれば減収になってもかまわないという考え方もありますが、それはおかしいと思います。成長して世の中の役に立つためには、まず我々が健全な経営にならなければなりません。

――新しい分野では具体的な成果は出てきていますか。

例えば、ドローンの事業会社「ジャパン・インフラ・ウェイマーク」は今年で3年目となりましたが、電力やガスなど様々なインフラ事業者に出資してもらっていて、共同でオペレーションしています。みんなで課題を寄せ集めて、それを社会全体で解決していこうとしています。

スポーツ映像配信会社の「NTTスポルティクト」はまだ設立して1年でマネタイズに工夫の余地がありますが、おもしろいビジネスモデルであることは確かです。

本気で新しい分野を前進させるために新会社を作っていますが、その方が結果的に責任を持って現場の士気も上がります。今までのサービス開発は本体で何となくやってみて、ダメだったらいつの間にかやめていることが多かったのですが、会社になってしまうとそれができないですからね。

――NTTが目指す新しい光情報通信基盤「IOWN」に向けた取り組みを教えて下さい。

リアルの世界をデジタルデータに置き換えるのはエッジに近いところでやることになります。我々は光ファイバーの技術を持っているので、エッジをどうしていくかという議論をしています。その上でつながるスーパーシティやスマートシティの枠組みや仕組みを地域の人々と一緒になって創っていく。今やっている「ビタミン活動」は全部、スーパーシティやスマートシティに収束していくと思っています。

ひとつのお披露目は2025年の大阪万博になると思います。何らかの形でIOWNのデジタルツインの世界、つまりリアルとバーチャルをつないで生活や社会がどう変わるのかということを見せられればと考えています。

第4部

デジタル技術で経営改革

第1章

リモート型社会の働き方目指す

ＮＴＴが目指すグループ再編計画では経営体質の変革も必須要件になる。持株会社社長の澤田純は２０２１年９月、「新たな経営スタイルへの変革」と題した記者会見を開き、デジタル時代の新しい働き方を徹底していくと表明した。

澤田に言わせれば、これまでのＮＴＴグループの経営スタイルは「昭和の流れ」だという。コロナ禍を経た今、グローバル市場で成功するにはそうした日本型経営から脱却し、リモート型のワークスタイルが不可欠だと強調した。

２０２５年にはＮＴＴの民営化から満40年を迎える。２０３０年の世界戦略実現に向け、働く現場から変えていくことを訴えた。

これからはリモートワークが基本

ＮＴＴはこれまでもグループ各社の事業特性に応じてリモートワークやフレックスタイム制を導入するなど働き方改革を積極的に進めてきた。コロナ禍の影響もあり、現場対応などが必要なエッセンシャルワーカーを除くNTTのリモートワーク実施率は21年8月実績で平均77・3%と大手企業でも高いほうだ。会社別ではNTTコミュニケーションズは91・4%にも達し、NTTデータも86・6%だ。

リモートワークを積極的に推進しているコミュニケーションズでは、自社開発したコミュニケーションツール「NeWork（ニュワーク）」など様々な情報共有ツールを使い、社員同士が離れていてもスムーズに意思疎通が図れるよう工夫をしている。

社員が出勤時間を自由に選べるフレックスタイム制についても、就業が必須の時間帯である「コアタイム」をなくし、従業員がより柔軟に働き方を選べる体制を整えた。

リモートワークを推進してきたコミュニケーションズ社長の丸岡亨は「これまでのリモートワークには周囲への遠慮も多少あったかもしれないが、会社全体がリモートワーク体制になれば、社員のほうも心理的負担がなくなる」として社員のマインドチェンジ（意識改革）を重要課題に掲げている。

澤田が登壇した9月の記者会見でも、NTTグループは今後、「社員の働き方はリモートワークを基本とする」と強調した。新型コロナウイルスの感染拡大が収束に向かう中、放っておけばまたもとに戻ってしまいかねない。人々の暮らしが以前のスタイルに戻る前に新たな方針を示し、コロナ禍で広がったテレワークやオンライン会議などを今後も定着させようというわけだ。

経済界の一部にはオフィスに出社することの重要性を唱える向きも少なくない。しかし業務改革などのデジタルトランスフォーメーション（ＤＸ）を促すためには「リモートワークを促す経営スタイルの確立が必要」だと澤田はいう。

テレワークで様々な業務をこなせるよう会社自体の仕組みを変えれば、不要な出張や転勤などもしなくてすむ。モバイルやクラウド技術などを提供するＮＴＴ自身が変わることで、ほかの顧客企業などにも経営変革を促し、日本経済全体のデジタル化やリモート化を促そうというのが会見の狙いだった。

リモートワークを基本とするという働き方改革は、海外を含めグループ全体で社員が30万人を超す日本の大企業としてはかなり大胆な決定ともいえよう。だがリモートワークに必要なオンライン会議やチャット機能などを活用していけば、東京と地方、あるいは日本と海外といった物理的な距離を超えられるようになり、意思決定の迅速化にも役立つ。そうしたデジタル化のお手伝いをしていこうというのがＮＴＴの新たな決意であり、新しいビジネスチャンスの創出にもなると考えた。

中央集権的な組織から自律分散型のネットワーク組織への切り替えは、コロナ禍で露呈した日本の東京への一極集中問題や非効率な対面型の業務プロセスの見直しにもつながる。企業組織においても本社機能や間接部門の効率化が進み、優秀な人材が地方で活躍できるチャンスが広がるに違いない。

また地方に組織機能を移すことにより、地域の中小企業や自治体などとの協力関係も構築しやすくなる。ＮＴＴが示した改革方針では、新しい経営スタイルにより地域の第１次産業の活性化や地域密着型の地方創生事業を加速させることも明記した。

全国に260拠点のサテライトオフィスを整備

実は澤田自身も転勤、単身赴任を経験してきた。リモートでの働き方が普及すれば、転勤や単身赴任を減らしていくことも可能だ。職住が近接すれば、生活の中に仕事を位置づけるワークインライフの推進も図りやすい。育児や介護など、社員それぞれが様々な家庭の事情を抱えていても、会社全体がリモート型になれば社員のリモートワークに対する心理的な負担はかなり下がっていくに違いない。

そこでＮＴＴグループとしては職住近接を実現するために、22年度から現在の４倍以上にあたる約２６０拠点にサテライトオフィスを拡充する方針を決めた。

一方、リモートワークが広がっていくと懸念されるのが社員間のコミュニケーション不足だ。雑談を含め自由な意見交換の場が少なくなれば、クリエイティブな提案や大胆な提案な

NTTが神奈川県川崎市に開設したサテライトオフィス

ども失われていく可能性がある。そうならないよう様々なコミュニケーションツールを活用し、リモートワーク体制でも社員同士が自由に交流できるような環境をデジタル技術を駆使して実現していくという。

こうしたＮＴＴの試みはいわば巨大な実験ともいえる。グローバルで30万人を超す社員を抱える組織でリモートワーク体制が実現できれば、そのノウハウやサービスを新しい商品として外販していくことも可能だ。澤田は今回のＮＴＴの取り組みを「新しいショーケースにできればベスト」だと話している。

ＮＴＴグループによる社員の働き方改革はまだ走り出したばかりで、具体的な進め方については検討事項も多い。だが本社機能の地方分散や多種多様な働き方などを広めていけば、日本が構造的に抱えている人口減少や少子化問題など様々な社会課題をデジタル技術で解決できると考えている。

第2章

新たな人事制度でグローバル化に対応

澤田は企業の人事制度についても「古い形の企業は入社年次を超えて人事をすることが難しい」と日本の大手企業が抱える問題点を指摘する。

日本の大手企業の雇用形態はいわゆる「メンバーシップ型」と呼ばれ、長期雇用を前提に年功序列で役職につけていくのが一般的だ。終身雇用制のもとでは従業員を解雇することは珍しく、長期的に人材を育成できるのがメリットだが、グローバル化が進み、人材も流動するようになると、メリットよりも人事の硬直性などの方が問題となってくる。

メンバーシップ型では新卒の一括採用も「総合職」として雇う場合が多く、採用した時点では職務内容が明確になっていない。本人の適性を見て配置していくことになるが、職務内容が曖昧のままでは専門人材を育成することは難しい。

リモートワークが今後基本となっていけば、上司による適性判断も難しくなっていくことから、にわかに注目されているのが欧米流の「ジョブ型」雇用だ。あらかじめ職務内容や権限、責任などを明確にしておくため、リモートワークになっても社員の自主性に任せることができ、成績評価もしやすくなる。

ジョブ型雇用やリモートワーク環境が広がれば、社員も勤務地に縛られずに働けるようになる。ＮＴＴグループとしてはこうした制度を導入することで澤田がいうような「転勤ゼロ」や「単身赴任ゼロ」を実現しようとしている。

また職務内容が明確にされていれば、専門人材を確保したり育成したりできるほか、優秀な人材を高額な報酬で雇い入れることも可能になろう。特にＡＩ（人工知能）人材やデータサイエンティストなどは世界で奪い合いになっており、グローバル市場で競争するためにもこうした人事制度の見直しが必要だと考えた。

ただメンバーシップ型が当たり前の日本でいきなりジョブ型の人事制度改革を行えば混乱も招きかねない。当然、ジョブ型雇用にもデメリットがある。社員は課された仕事以外はしないとか、チームで仕事を分け合うといったことも難しくなる。せっかくいい人材を採用できたとしても、よりよい条件があれば簡単に辞められてしまうことも見逃せない。

しかしグローバル市場で事業拡大を目指すＮＴＴグループとしては、もはや好むと好まざるとにかかわらず、新たな人事制度に舵を切らざるをえない。デジタル技術によるリモートワークとジョブ型雇用を推進することで、このコロナ禍をきっかけにより生産性や効率性の高い組織づくりを早急に進めようとしている。

ダイバーシティ推進へ「女性管理者倍増計画」

世界ナンバーワンを目指すには、それに見合ったグローバル人材を確保し育成していかなければならない。このためＮＴＴグループでは２０２３年度の人材採用を30％は中途採用で賄うことを決めた。社員に対してもグローバル市場で通用する人材を育てるため、海外人材育成プログラムを拡大することにした。

また従業員のダイバーシティを高めるため、２０１３年から「女性管理者倍増計画」を進めてきており、女性社員の登用に取り組んできた。計画では12年度に２・９％だった女性管理者比率を20年度に６％へ倍増させるものだったが、これを１年前倒しして達成した。

澤田が21年９月の会見で打ち出した新たな経営スタイルへの変革ではさらに女性の起用を促すと表明、21年度の新任管理者のうち30％は女性にする考えで、25年度には管理者全体の15％、役員の25～30％を女性にするという目標を掲げた。

澤田は海外で投資家説明会に臨むと「ＮＴＴはグローバル化を進めようとしているのに、なぜ女性役員がいないのか」とよく聞かれるという。女性の管理職は21年9月時点で12％だが、新任管理者を30％に引き上げるには、従来の年次昇格では女性社員が足りない。だからこそ若い女性社員などを早く幅広く課長級クラスにしていきたい考えだ。澤田は「単に数値を達成すればいいという考え方ではなく、人事システム全体を刷新していきたい」と強調する。

持株会社初の女性役員が誕生

ＮＴＴの女性役員ということでは、２０１９年6月にＮＴＴ持株会社史上初の取締役が誕生した。ＮＴＴグループの業務ＤＸ活動を担う技術企画部門長の岡敦子だ。慶應義塾大学大学院で管理工学を専攻、男女雇用機会均等法施行から2年後の１９８８年にＮＴＴに入社し、研究畑を歩いてきた。20年6月の執行役員制度の導入により、現在は執行役員を務めている。

配属先の研究所ではソフトウエア開発の改善などを担当し、当時黎明期にあったインターネット技術を学んで、日本ネットワークインフォメーションセンター（ＪＰＮＩＣ）の活動にも参加し、ドメイン名やＩＰアドレスの割り当てルールを決める業務などを行っていた。

96年に国際部に異動し、ＮＴＴが当時参画していたマレーシアでの通信インフラ設備の拡充や電子政府などのプロジェクトにも関わった。

その後、米マサチューセッツ工科大学（ＭＩＴ）に留学するなど、技術系の人間ではあるが、そうした国際経験をバックに次の異動先であるＮＴＴコミュニケーションズでは約10年間、映像配信などの事業に携わった。

澤田が進めるＮＴＴのグローバル再編やR&D（研究開発）改革、新しい光情報通信基盤の「ＩＯＷＮ」の推進などでは、澤田と一緒にＮＴＴやＮＴＴコミュニケーションズで働いたことのある社員が重要な役割を果たしており、岡もそのひとりだ。岡は澤田について「新しい分野に対してのアンテナが高い」と語る。

岡はＮＴＴ始まって以来初の女性役員ということで「自分自身がいい意味でロールモデルにならないといけない」という思いがあるという。現在は新入社員の約3割が女性だが、「管理職では1割程度になってしまっている」と指摘し、女性の役員候補を育てるには女性のリーダーを組織とし

岡敦子執行役員技術企画部門長

て育むパイプラインを構築していくことが重要だと強調する。その上で「自分たちもチャレンジしたら、そうなれそうというロールモデルになれたらいい」と話す。

工藤晶子執行役員広報室長

初の女性スポークスパーソンも登場

岡に続き、20年6月にNTT持株会社の女性執行役員に就任したのが広報室長兼事業企画室次長の工藤晶子だ。1990年にNTTに入社、主にNTTコミュニケーションズでキャリアを積み、同社の広報室長などを務めたが、その時の上司が澤田だった。後に東海支店長や第5営業本部長などを歴任したが、気丈で明朗快活な性格はまさしくスポークスパーソンに適しており、女性の活躍に期待する澤田の目に留まったといえる。

工藤は持株会社の広報室長に就任すると、オンライン上でセミナーやバーチャルライブ、ギャラリーなどを作れる3D（3次元）空間型オウンドメディア「DOOR」を20年11月に開設。21年2月にはこのDOORを活用し、NTTコミュニケーションズのイノベーションセンタがコロナ禍のシリコンバレーの状況と注目スタートアップを紹介するオンラインイベントを開催、約８０００人がアクセスした。

またＮＴＴグループ社員向けの社内コミュニケーションサイトとして「ＮＴＴニュースネットワーク」を20年11月に設置した。このサイトは工藤が「ＮＴＴグループの多くの社員は持株会社が何をしている会社なのか理解できていない」と指摘したことから始まったもので、澤田の発言やビジョンを全社員に浸透させるのが狙いだ。

ほかにもＮＴＴでは多くの女性社員が活躍しているが、幹部を目指す女性社員のモチベーションを高めるため、人事部門主催で課長や部長級の女性リーダーによるワンオンワン（一対一）のメンタリングなども行っている。

第3章

セキュリティを新たな企業戦略の要に

2025年度までに完全ペーパーレス化を実現

リモートワークを推進するためには社内のＩＣＴ環境の整備も重要になる。社員が安心して遠隔から働けるようにするため、ＮＴＴはクラウドベースのゼロトラストシステムを２０２３年度までに完成させる計画だ。

「ゼロトラスト」とはネットワークはすべて危険だととらえ「何も信頼しない」ことを前提にセキュリティ対策を講じることを表す。社内のネットワークに安全対策を施すだけでなく、業務アプリやデータの管理などもサイバー攻撃から守れる仕組みを整備することが求められている。

デジタルトランスフォーメーション（ＤＸ）を促す場合も、自分たちだけがデジタル化しても、取引先がそれに対応していなければ使いものにならない。相手とシームレスにつながっていなければ、新しい経営スタイルは実践できない。

こうした理由からＮＴＴグループは様々なパートナー企業を巻き込み、21年度には20件だった業務の自動化プロセスを25年度までに１００件以上に引き上げる計画だ。共通のツールにデータを投入していけば、集まったデータから仕事の進捗具合や問題点なども瞬時にわかるようになる。

ＮＴＴはそうしたＤＸをまず自らが実践し、取引企業にもＤＸを広めることで日本の経済や社会全体のＤＸを進めようとしている。

また商品やサービスをデジタルやオンラインで提供していても、決済や明細書の発行といった業務では依然として多くの紙が使用されている。ＤＸを進めるには紙でのやり取りを極力廃止することが重要であり、ＮＴＴグループ全体で20年度に６０００トンだった紙の使用量を25年度までにゼロにしていくことを決めた。

新しい経営スタイル改革では、取引相手の中堅中小企業などにもデジタルマーケティングを拡大し、25年度までにオンライン経由での営業収益を１４００億円にすることも目標としている。

現場の作業もデジタル化で省力化狙う

ＮＴＴグループでも、間接部門のリモートワークやＤＸは進んでいるが、電話工事やシステムの保守など現場を抱えているエッセンシャルワーカーはまだまだ対応が遅れている。いくらデジタル化しようとしても、アナログでなければならない部分もある。そこをいかに省力化できるかが今後の大きな課題だ。

通信サービスを提供するには電柱や鉄塔、橋梁などに通信設備を設置する必要があり、これらの点検や保全には莫大な人的リソースが要求される。そうした労働をスマートグラスやドローンなどを使って遠隔監視・操作できれば大きく効率化が進む。

例えば電柱のたわみの測定などは、従来は人間が目視で確認していたが、レーザーや全天球カメラを搭載した自動車を走らせることで自動化することが可能だ。電柱や鉄塔などは社会の重要なインフラといえ、様々な社会的インフラの保守ソリューションをシェアリングしていくことも視野に入れている。

顧客先での工事やセッティングは現場に行かなければならないが、その連絡のためのコールセンター業務などはデジタル技術で効率化できるだろう。電話オペレーターが使う情報端末に顔認証やのぞき見防止などのセキュリティ対策を講じ、自宅のパソコンからでも仕事ができるようにすればいい。NTTでは主要なコールセンターのスタッフには21年度内にそうした情報端末を配備するという。

ほかにも地下のどこに配線のための管路が埋まっているのかを図面ではなく、4D（4次元）のデジタル地図によってコンピューター上で見られるようにすれば、出先でもタブレットひとつで作業ができるようになるはずだ。将来的には現場に作業用ロボットを派遣し、人間がリモートで操作することも可能になるだろう。

NTTグループのDX活動を推進している技術企画部門長の岡敦子は「NTTは電話という優れたコミュニケーションツールを持っていながら、21世紀のITコミュニケーションツールの活用では正直、後塵を拝したと思っている」と話す。

しかし、これからは「NTTならば安全。ビジネスでも安心して使えるという安心感や信頼感を活かし、NTTに期待される新しいコミュニケーションツールを提供していきたい」と岡はいう。

セキュリティの番人「CISO」を早くから設置

デジタルトランスフォーメーション（DX）を進めていくうえで最も重要なのがサイバーセキュリティ対策だ。NTTは日本企業としては早くから「CISO（最高情報セキュリティ責任者）」の役職を設けた。その職を担っているのが横浜信一だ。

横浜は通商産業省（現経済産業省）やマッキンゼー・アンド・カンパニーを経て、2011年にNTTデータに入社。海外事業会社の経営統合や再編に3年間携わった後、14年に当時持株会社社長だった鵜浦博夫から「持株でサイバーセキュリティのプレゼンスを向上したいので来ないか」と誘われ、NTTの持株会社に移った。

「日本企業も最近はセキュリティに対する感度が上がったが、昔は対岸の火事みたいな認識だっ

NTTのCISOを務める横浜信一氏

た」と横浜はいう。理解度は上がってきたが、ＣＩＳＯを設けている企業はまだまだ少ないと指摘、「ＣＩＯ（最高情報統括責任者）との兼務が多く、企業はセキュリティ対策にもっと注力していく必要がある」と訴える。

ＮＴＴは２０１６年、各事業会社でバラバラだったセキュリティ対策部隊をひとつにまとめ、新しく「ＮＴＴセキュリティ」という専門会社を設立した。その初代社長に兼務で就いたのが当時ＮＴＴ持株会社の副社長だった澤田だ。買収した会社なども含め、各事業会社に「セキュリティ」という観点からグローバルに横串を刺そうとしたのがＮＴＴセキュリティ設立の狙いだった。

ＮＴＴは現在、初級・中級・上級に分けたセキュリティの資格制度を導入しており、中級以上の資格を持つグループ社員は約４０００人に達する。今後のセキュリティ対策の需要増加に備え、社内研修によってこの人数を増やしていく方針だ。

18年に横浜がＣＩＳＯに就任する際、新しく社長となった澤田からは「内部だけでなく外部への情報発信もやってほしい」と頼まれた。現在の横浜の仕事は8割をＮＴＴグループ向けのセキュリティ対策、２割をグループの外に向けたサイバーセキュリティ対策への情報発信に割いている。

外部への情報発信については、インテルや米セキュリティソフト会社、パロアルトネットワークスなどでセキュリティ政策の責任者を務めた松原実穂子がＮＴＴのチーフ・サイバーセキュリティ・ストラテジストとなって横浜を支えている。松原は早稲田大学を卒業後、防衛省に勤務、米国のジョンズ・ホプキンス大学大学院に留学したり、海外のシンクタンクに勤務したりするなど国際的にも活躍しており、外部からの登用組ではあるが、ＮＴＴの新しい女性社員のロールモデルにもなっている。

東京オリンピックで4・5億回のサイバー攻撃を封じる

セキュリティ対策はＮＴＴ自身の経営を守る意味でも重要だが、それをサービスとして提供していこうというのがＮＴＴの戦略だ。東京オリンピック・パラリンピックでは大会組織委員会と協力して、１万１０００個の無線ＬＡＮアクセスポイントを提供した。大会期間中に確認されたサイバー攻撃は約4億5000万回にも上ったが、大会の進行にはまったく影響がなかった。

持株会社で東京オリンピック・パラリンピックの担当役員を務めていたＮＴＴコミュニケーションズ副社長の栗山浩樹は「オリンピック史上、サイバー攻撃をすべて封じたのは快挙だ」と指摘し、それを支えたのは「ＮＴＴグループ各社のセキュリティ人材が連携プレーで運営にあたったからだった」と説明する。

丸岡亨

NTTコミュニケーションズ社長

◎海外事業はNTTリミテッドに移管
◎新ドコモグループで法人事業の中核を担う
◎「ニューワーク」でワークスタイル変革を推進

――NTTが変わり始めていますが、率直にどんな感想を持たれていますか。

もともとデジタル化やDXの流れはありましたが、コロナ禍によってそれが加速されたということを本当に感じますね。NTTコミュニケーションズについて言うと、大きな節目は2019年のグローバル再編です。持株会社社長の澤田が「NTTリミテッドを作ってグローバルビジネスをどんどん伸ばす」と号令をかけ、買収したディメンションデータ、NTTコミュニケーションズ、NTTデータを傘下に置くNTTインクを作り、グローバル再編を行ったことは、NTTコミュニケーションズにとっては大きな出来事でした。

1999年にNTTコミュニケーションズが分社独立した時には3つの事業の柱がありました。ひとつは長距離通信サービス、2つめはグローバル事業。3つめは新しいインターネットビジネスでした。その3つの柱を中心にどんどん新しいビジネスを開拓して成長してきました。

その中でインターネットは事業の形を変えながらも現在も柱のひとつなのですが、グローバル事業についてはグループの再編により、弊社がこれまで買収してきた海外子会社も含め、NTTリミテッドに集約されました。日系企業でグローバルにビジネスをされているお客様には引き続き我々がワンストップで対応していきますが、海外企業に対する直接的な事業の領域は縮小いたしました。

NTTグループ全体がグローバルビジネスを成長させるという大きな方針のもとでコミュニケーションズの事業の再編が行われたといえます。

――NTTドコモとの機能統合により、NTTコミュニケーションズは解体されるというイメージを持つ人もいると思いますが、そこはいかがでしょうか。

私はそういうふうには考えていません。確かにドコモの子会社になることに対してコミュニケーションズの社員の中にも不安を感じている人もいるでしょう。ただ新しいドコモグループの中で法人事業を担当するのはコミュニケーションズだと明確に整理していますので、そういった意味ではNTTコミュニケーションズという組織はしっかり残ります。

ドコモとは親会社・子会社という関係にはなりますが、お客様への価値提供や社員の活躍の場はむしろ広がっていきます。新ドコモグループの中で無線と固定回線を組み合わせたソリューションをしっかりと提供しつつ、法人ビジネスについてはコミュニケーションズが主体的・自律的に動くという形を目指しています。大企業だけでなく、中小企業にもワンストップで対応していきます。

――NTTコミュニケーションズでは働き方改革を積極的に進めているそうですが、具体的にどのような取り組みをしているのでしょうか。

働き方改革では3つのことに取り組んできました。ひとつめはツール類の活用。2つめは制度改革。3つめはマインドチェンジです。

ツール類についてはマイクロソフトの「Teams（ティームズ）」を組み込んだ「セキュアドPC」という端末を配布しています。もともと東京オリンピック・パラリンピックに向けてリモートワークの準備をしてきましたので、スムーズに導入することができました。

2つめの制度改革は、NTTグループ全体としてコアなしフレックスタイムなどを導入していることです。これまでのフレックス制度は、例えば10時から15時は全員就業といった決まりがありましたが、その枠を取り払い、柔軟に働けるようにしました。

最後はマインドチェンジですね。通勤時間とか子供の育児や親の介護などを考えるとリモートワークの方が働きやすいという声が多くありました。社員の満足度アンケートでも効率性や生産性、会社への帰属意識といった項目の満足度がすべて上がりました。

これまでリモートワークには周囲への遠慮が少しあったかもしれませんが、みんながリモートワークになれば、そういう意識はなくなります。オフィスで短時間勤務だった人がリモートワークでフルタイム勤務に変わったというケースも増えました。もちろんフェイス・トゥー・フェイス（対面）のよさもありますので、課題は残っていますが、そういったものを補って余りあるくらいリモートワーク施策は効果が出ていると感じています。

――NTTコミュニケーションズとしてはTeamsのようなコミュニケーションツールを出していかないのでしょうか。

ぜひ当社の「NeWork（ニューワーク）」を使っていただきたいですね。2020年夏にリリースしたコミュニケーションツールです。ビデオ会議システムのZoomやTeamsでは雑談や会議に関係ない会話はしにくいので、NTTコミュニケーションズとして何とかできないのかと開発しました。これは当社のメンバーが自発的に立ち上げたのですが、私も実際に使ってみて「これはいい」と思い、今は全社の施策に格上げしています。

Zoomなどには後れをとってしまいましたが、「ニュワーク」を日本発のコミュニケーションツールとして育てていきたいと考えています。

――NTTコミュニケーションズは今後どういう会社になっていくのでしょうか。

2020年10月にウィズ／アフターコロナ時代に対応する新しい事業ビジョンの「Re-connect X（リコネクト・エックス）」を策定しました。新ドコモグループの法人事業の中核を担う企業として、モバイルの力を活かしつつ、あらゆるものをつなぎ直して、社会や産業のDXを促すリーディングカンパニーになりたいと思っています。

第5部

NTTの未来占う情報通信政策

第1章

今問われるNTT分割民営化の是非

ドコモ完全子会社化にみられるNTT分割策の転換

2020年9月、日本電信電話（NTT）は上場子会社のNTTドコモの株式を非公開とし、NTT持株会社の完全子会社にすると発表した。完全子会社化するために必要な買収資金総額は約4兆2500億円。国内企業への株式公開買い付け（TOB）としては過去最大の規模だ。

ドコモを完全子会社化する背景には世界の情報通信市場における競争環境の変化が影響している。海外だけでなく日本でも米国の「GAFA（グーグル、アップル、フェイスブック、アマゾン・ドット・コム）」に象徴される大手IT（情報技術）企業が台頭。かつて世界が注目したNTTの存在感は薄くなっている。

NTTはさらに長距離通信事業を営むNTTコミュニケーションズ、グループ向けのソフトウエア開発を担うNTTコムウェアをNTTドコモの傘下に移管し、ドコモを移動通信サービスから様々なコンテンツ事業や法人向けのソリューション事業などを手掛ける総合

ICT（情報通信技術）企業に進化させる計画を表明した。

こうしたNTTの新たなグループ再編について、監督官庁の総務省幹部も「日本における情報通信分野の研究開発投資が加速し、顧客サービスが向上するのなら止める理由はない」と支持する構えを示している。

NTTはかつて「三公社五現業」といわれた政府直轄事業のひとつ、日本電信電話公社が1985年に民営化して誕生した。民営化は1社独占体制だった通信事業に競争原理を導入し、サービスの向上と通信料金の低廉化を促すことが狙いだった。だがNTTが民営化され、新たな事業者が通信市場に参入した後も、NTTの市場支配力は揺るぐことはなかった。

そこで1987年の日本国有鉄道（現JR）の分割にならい、99年に国内の固定電話サービスを地域通信会社の東日本電信電話（NTT東日本）と西日本電信電話（NTT西日本）とに分け、長距離通信事業や新たに認められた国際通信事業を担う会社としてNTTコミュニケーションズを新設し、その統括会社としてNTTの管理部門を持株会社組織に再編成した。

NTTの会社分割としては、実は銀行やクレジットカード会社などの通信事業を預かるデータ通信部門が88年にNTTデータ（当初は「NTTデータ通信」）として分社独立しており、その後、携帯電話事業を営む移動体通信事業部が92年にNTTドコモ（当初は「NTT移動通信網」）として分社独立している。

第二臨調をきっかけにNTT分割議論がスタート

日本政府がNTTの分割民営化に動いたのは、停滞していた日本経済を立て直すため行政改革を目的に1981年に発足した第二次臨時行政調査会（第二臨調）での議論を踏まえたもので、国鉄、電電公社、日本専売公社のいわゆる「三公社」は民営化すべしとの答申に基づいていた。

時を同じくして、米国でも100万人以上の従業員を抱えた巨大電話会社、AT&T（米国電話電信会社）に対し独禁法訴訟が起こされ、1982年に会社分割されることが決まった。地域電話事業は7つの地域会社が担うことになり、長距離通信事業は新しいAT&Tが行うことにして84年に分割が実施された。

NTTが地域会社と長距離通信会社に分割されたのも、こうした米国市場での動きが大きく影響している。ただ米国では資本関係も含め、完全に分割されたのに対し、日本では当時、新しい経営スタイルとして注目されつつあった持株会社制度を活用し、各事業会社はNTT持株会社の子会社として再出発することになった。

その意味ではNTT持株会社が今回打ち出したドコモの完全子会社化やコミュニケーションズ、コムウェアの経営統合計画は「これまで続いてきたNTTの分割の流れを覆すもの」だとして、ライバルの通信会社はもとより総務省内部からも大きな衝撃をもって受けとめられた。

NTTドコモ、コミュニケーションズ、コムウェアの3社の子会社化は2022年1月を予定しており、それぞれの機能統合と事業責任を明確にして20年度で1兆6000億円だった法人事業売上高を25年度には2割増の2兆円に拡大する計画だ。21年10月に東京都内で開いた記者会見でドコモ社長の井伊基之は「3社の機能統合により、法人事業や移動・固定のネットワーク競争力、新サービスの創出力を強化したい」と強調した。

新しいドコモグループが展開する法人向け事業には新ブランドの「ドコモビジネス」を設け、金融や映像、エンターテインメント、電力などの非通信分野の「スマートライフ」事業も合わせて拡大していくという。この2つの事業分野で25年度には「新ドコモグループの収益の半分以上を創出する」と井伊は表明した。

ライバルは「公正競争に反する」と猛反発

NTTによるドコモの完全子会社化など一連のグループ再編策には、ライバルの通信事業者も黙っていなかった。前述の通り、ＫＤＤＩ、ソフトバンク、楽天モバイルなどの事業者28社は20年11月、通信市場における公正な競争環境の整備を訴える意見申出書を総務大臣に提出。趣旨に賛同する企業は最終的に37社に上った。

申出書での訴えは大きく分けて2つある。ひとつは情報通信審議会または同等の場での公開議論、もうひとつは環境変化に応じた競争ルールの整備を求めた。

「日本電信電話株式会社等に関する法律（ＮＴＴ法）」で定められたＮＴＴ持株会社の目的や事業内容は「ＮＴＴ東西の株式保有や助言、電気通信技術に関する研究の実施」となっており、その中に移動体通信業に関する内容は入っていないため、ドコモの子会社化はそぐわないという趣旨を訴えた。

また「ＮＴＴグループ内の連携が強まることで、強大な市場支配力により電気通信市場の公正な競争が阻害され、最終的にはユーザーの利益を損なう可能性がある」とも指摘した。

さらに高速通信規格の「５Ｇ」を普及させるためには緻密に基地局を展開する必要があり、その分、多くの光ファイバー網が必要となる。ところが総務省の「公正競争確保の在り方に関する検討会議」が21年10月にまとめた報告書によると、光ファイバーの設備ベースでのシェアはＮＴＴ東西が約75％持っており、ＮＴＴは電電公社時代から継承した多くの電柱や約７２００もの局舎を全国に保有している。

ライバル事業者たちは、「こうしたボトルネック設備を全国に保有するNTTグループは5G時代になると、これまで以上に優位性を持つことになる」と指摘した。KDDIの幹部は「TOBを止めることは難しいとしても、TOBが成立した後も議論を続けていく必要がある」と強調する。

ネット時代で薄れる地域分割の根拠

第二臨調の議論では組織の肥大化や1社独占体制がもたらす非効率さや弊害などが指摘され、それを見直す方策として分割民営化が打ち出された。

日本国有鉄道は分割民営化により、1987年に東日本旅客鉄道会社（JR東日本）、西日本旅客鉄道会社（JR西日本）などJR7社へと生まれ変わったが、その背景には約37兆円にも上る長期債務を抱え、経営が立ち行かなくなった国鉄をどう再建するかという問題があった。

国鉄や電電公社の分割民営化が実現した後も、債務が40兆円を超えて経営に行き詰まった旧高速道路4公団が2005年に複数の地域高速道路会社に再編された。

こうして会社を地域ごとに分割する背景には、地域に密着し、地域のニーズを踏まえた経営を行うという考え方が根底にある。それと鉄道にしても道路にしても距離に応じて建設コストや利用コストが高くなることから、地域ごとに採算をとらえる意味でも分割することに意味があった。

通信事業も電話の時代は距離に応じて通信コストがかかるため、NTTを地域会社と長距離通信会社に分ける理由があった。しかしNTTの分割民営化を議論した電話の時代からインターネットやクラウドの時代になると、そうした理由にも根拠がなくなる。距離に関係がないIP（インターネット・プロトコル）網で全国がひとつにつながった今、会社をわざわざ地域ごとに分けておく意味は薄れてきた。

実際、日本がお手本とした米国でも、ひとつの長距離通信会社と7つの地域会社の統合が進み、固定通信については現在、2社体制となっている。東海岸に軸足を置くベライゾンと、西部や南部を基盤とする新生AT&Tだ。米国ではもはや通信市場において地域分割を唱える経済学者はいなくなっている。

むしろネットワーク事業をつかさどる通信事業者の市場支配力よりも、GAFAに象徴されるコンテンツ事業者や情報サービス事業者の支配力の方が重要な問題となっている。「OTT（オーバー・ザ・トップ＝ネット上の情報サービス）」と呼ばれるこうしたコンテンツ・サービス事業者の市場支配力は米国の国内マーケットにとどまらず、日本や欧州など海外にも及び、新たな市場支配問題を巻き起こしている。

コンテンツ市場で米国勢の台頭許す

日本では通信インフラばかりに注目した競争政策が行われ、もっと市場価値の高いコンテンツやサービスのレイヤーにおける日本企業の競争の芽をつんでしまった感が否めない。NTTドコモもかつては世界初の携帯インターネット情報サービス「ｉモード」を投入し、世界から注目されたが、気がつけばその十八番（おはこ）はアップルやグーグルに持っていかれ、国内通信事業者の雄であったはずのNTTでさえもGAFAとの競争に大きく水をあけられている。

NTTが政府の規制が及ばないグローバル中間持株会社の「NTTインク」を設立したのはまさにこうした理由からだ。NTT法に支配されるNTT持株会社やNTT東西会社では外国人を役員として迎え入れることはできないが、NTTインクやその傘下にある事業会社であれば有能な外国人経営者をボードメンバーに登用することも可能だ。

そうすることで海外市場に目を向け、GAFAなどと同等な条件で戦いに挑もうというのが持株会社社長の澤田純が描く戦略である。

第2章

デジタル庁発足に伴うNTTの憂い

2021年9月、菅義偉内閣（当時）は政権公約だった「デジタル庁」を発足させた。新型コロナウイルスの感染対策などで次々と発覚した政府の情報システムの遅れを改善し、省庁間でバラバラだった情報通信政策を一元化するのが狙いだ。

政府関連の情報システム予算は約8000億円あるが、デジタル庁はこれまで各省庁が個別に調達してきた情報システムを一元化し、各省庁に対し勧告権を持つことで行政システムのデジタル化を一気に促す計画だ。特に特定の大手IT企業からの調達に固定化される「ベンダーロックイン」といった商慣行の弊害をなくし、情報システム調達の透明化とコストの削減を図ろうとしている。

デジタル庁発足で情報システム予算にメス

当時首相だった菅はデジタル庁の発足にあたり、2000年に森喜朗内閣が制定した「高度情報通信ネットワーク社会形成基本法（IT基本法）」を20年ぶりに改めることを決定、日本社会のデジタル化を促す「デジタル社会形成基本法」などデジタル改革関連6法を新たに制定した。

一連のデジタル改革を進める担当大臣には平井卓也を任命、平井も菅の要請に応え、わずか1年でデジタル庁の発足にこぎつけた。政府のデジタル政策の新しい司令塔の設立を発表した菅は「世界に遜色ないデジタル社会を実現する。我が国全体をつくり変えるくらいの気持ちで知恵を絞ってほしい」と訴えた。

初代デジタル大臣の平井卓也氏（右）とデジタル監の石倉洋子氏（左）

従来のＩＴ基本法では、内閣官房に設けられたＩＴ総合戦略室のトップには民間出身の内閣情報通信政策監（政府ＣＩＯ）が置かれていたが、デジタル庁では内閣総理大臣自らがトップに就任し、それを補佐する担当大臣として新設の「デジタル大臣」が置かれ、デジタル改革担当大臣だった平井がそのまま就任した。

さらに現場を取り仕切る責任者として新たに「デジタル監」というポストが設けられ、初代のデジタル監には一橋大学名誉教授の石倉洋子を起用した。

デジタル庁のスタッフは600人規模でスタートし、うち約200人は民間からの採用でまかなった点が注目される。平井は有能な人材が政府と民間の間を交互に渡り歩く米国流人事の「リボルビングドア」を例に挙げ、これまでのように情報システムの構築を民間の大手ＩＴ企業に丸投げせず、システム開発を担う人材を政府の内部に抱えていくことを目指した。

デジタル庁の任務は具体的には以下の6つで、①行政情報システムの最適化と運用費削減、②地域共通のデジタル基盤の整備、③準公共分野のデジタル化（教育、医療、防災など）、④データの標準化と利活用、⑤マイナンバー関連施策の推進、⑥サイバーセキュリティ対策などを担う。

政府としてはデジタル庁の発足により日本のＩＴ投資を加速させることを狙っているが、任務の最初に掲げられた「行政情報システムの最適化と運用費削減」は、大手ＩＴ企業にとっては必ずしも歓迎する内容ではなかった。

というのも大手ＩＴ企業はこれまで特定の省庁相手に継続的にシステムを販売することができ、その分、もうけることができたが、デジタル庁による一括発注となれば、価格面でも厳しい要求を飲まざるをえなくなることが予想されるからだ。

図表5-1　政府情報システムの企業別シェア

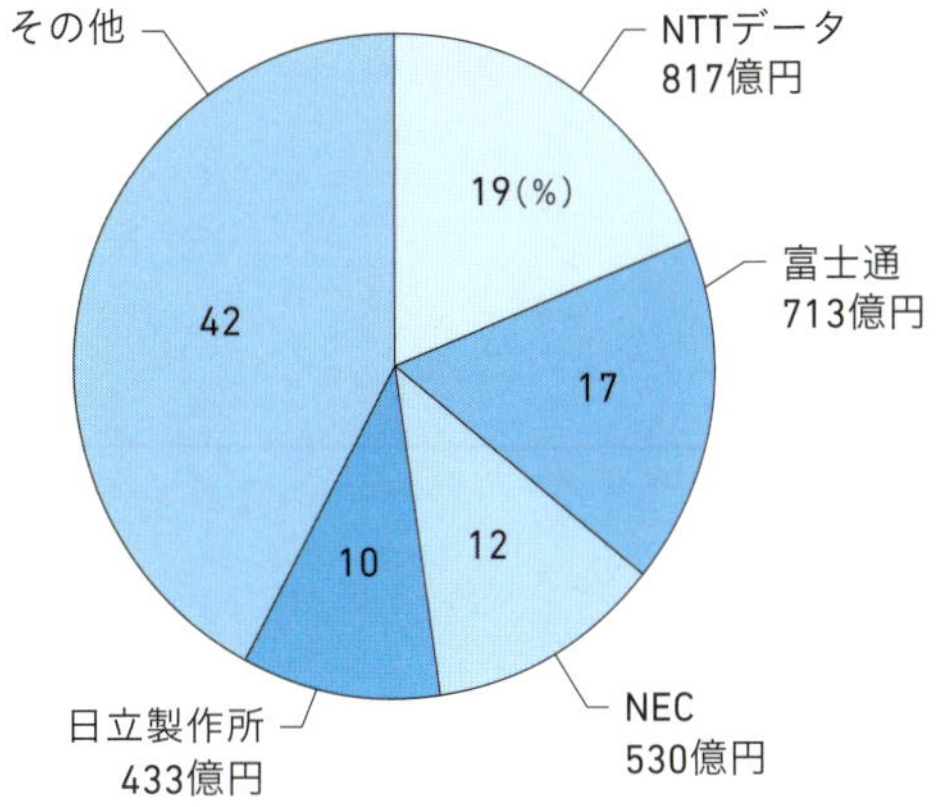

注：2018年度に運用経費が10億円以上の情報システム事業を抽出。政府情報システム全体のシェアを表すものではない。
出所：行政事業レビューシートをもとにMM総研作成。

政府情報システムの大手IT企業寡占に変化

そんな大手IT企業の不安が現実となるハプニングがデジタル庁の発足を目前に起きた。デジタル担当大臣の平井が「デジタル庁はNECには死んでも発注しない」とデジタル庁設立準備室内で発言した録音データが何者かによってメディアなどに流出してしまったという事件だ。

平井が問題にしたのは東京オリンピック・パラリンピック競技大会向けに政府が開発した「統合型入国者健康情報等管理システム（通称オリパラアプリ）」だ。オリンピックが無観客開催となったことで仕様に変更が必要となったが、納入契約や金額の面でNECと折り合いがつかなかったことが発端だったようだ。

槍玉にあげられたのはたまたまNECだったが、NTTグループにとってもこれは他人事ではない。NTTデータは官公庁向けの情報システム構築で長年高いシェアを持っており、デジタル庁の采配によってはビジネスに大きな影響が出てくるからだ。

実際、運用経費が10億円を超す大規模な政府情報システムについてみると、2018年度でNTTデータは817億円の実績を上げており、シェアもトップの19％を誇る。その後に富士通、NEC、日立製作所が続くが、実はこの4社だけで政府調達額の約6割を占めている。

こうした政府のシステム調達構造にメスを入れようというのがデジタル庁の狙いだが、IT企業側から見れば、長年せっかく築いてきたビジネスの地盤を失いかねないリスクをはらんでいる。

システム運用費などを1500億円削減

政府の情報システム関連予算は年間約8000億円だが、デジタル庁ではこのうち運用経費と改修経費を2025年度までに1500億円ほど削減する計画だ。具体的には各府省庁

図表5-2　政府の情報システムの予算削減計画

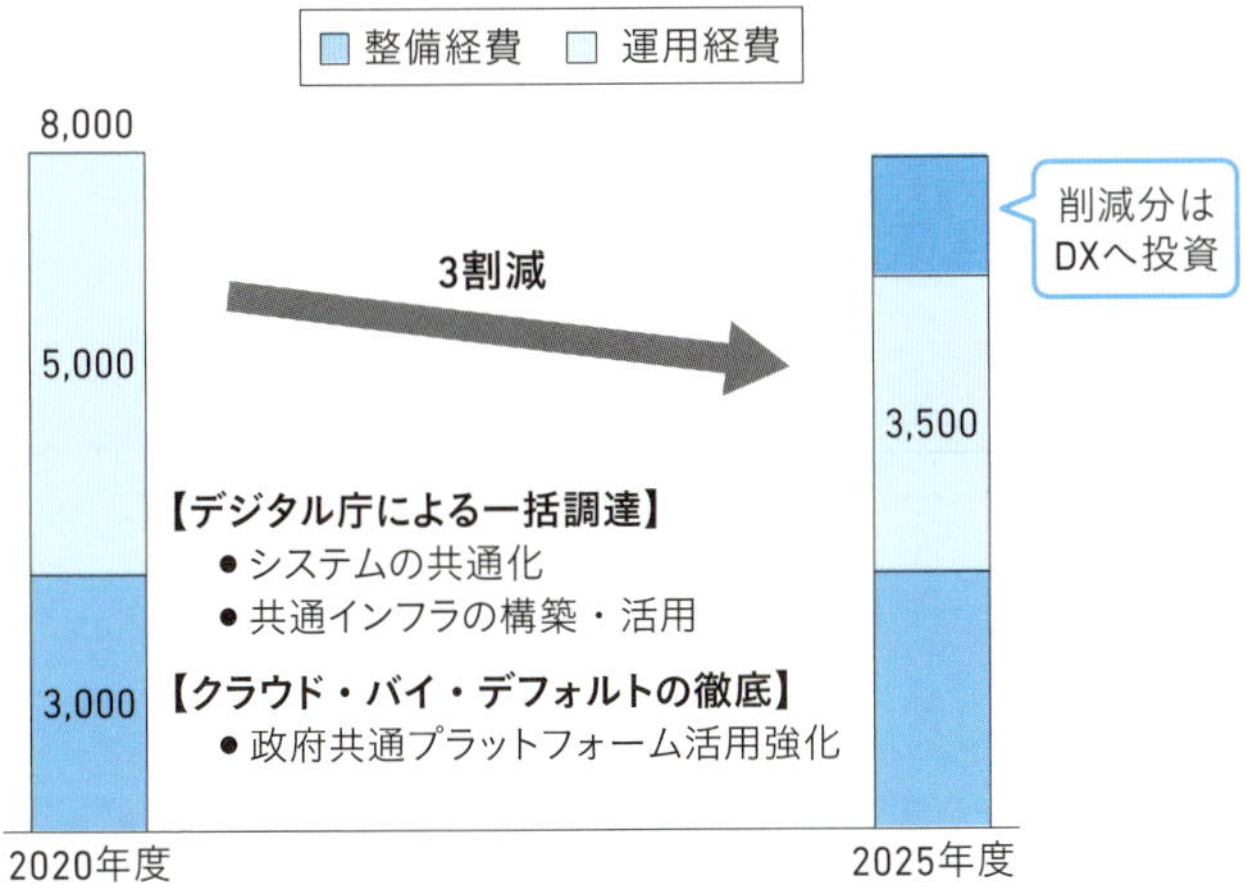

出所：MM総研

がバラバラに調達しているシステムのうち、人事給与やLAN・WANシステムなどを共通化することでコストを圧縮していく考えだ。

またデジタル庁は政府の行政システム基盤である「政府共通プラットフォーム」についてもコストの安いクラウドを使ってデジタル庁自らが開発し、各行政組織に活用を働きかけていく計画だ。

政府共通プラットフォームは米国の「アマゾン・ウェブ・サービシズ（AWS）」をベースとし、クラウドを活用することで大手IT企業からのハードウエアの調達を縮小して、インフラ運用などの費用も削減しようとしている。

デジタル庁が民間人材を積極的に採用するのは、そうしたシステム調達の際の「目利き」を内部に確保するためで、システム運用費などの削減によって浮いた予算については新たなシステム開発の方に回していく方針だ。

特に最近は様々な分野でデジタルトランスフォーメーション（ＤＸ）の重要性が叫ばれており、政府もその例外ではない。新しいシステム開発は政府のＤＸを促すものを考えており、ＮＴＴデータなどＮＴＴグループにとってもそうした要請に応えられるソリューションを提供していく必要がある。

ＮＴＴデータはデジタル庁対応組織を設置

デジタル庁の要請に対し、ＮＴＴデータは２０２１年７月にデジタル庁対応組織ともいえる「公共統括本部」を新たに設置した。同社は金融、公共・社会基盤、法人・ソリューションの大きく３つの分野を事業の柱としているが、社内組織はそれぞれ顧客ごとに分かれており、その中でも公共分野は省庁ごとに分かれている。

そうした縦割り体制では各省庁のシステム調達を一元化しようとしているデジタル庁の要請に柔軟に応えることは難しいため、公共統括本部を中心に縦割り組織に横串を刺し、相手の要請に合わせた営業体制を組めるようにする考えだ。

ＮＴＴデータが公共統括本部を設置したのは、各省庁を担当する社内の部長たちから強い要望があったためで、20年10月頃から「デジタル庁対策会議」を立ち上げ、その中で議論し、新しい統括本部設置のアイデアが生まれた。

会議を立ち上げたのは常務執行役員の茅原英徳で、当時は第二公共事業本部長として厚生労働省を担当していた。ＮＴＴデータはかつて日本年金機構のシステム問題で揺れたことがあり、デジタル庁の発足に対しても万全の体制で臨みたいという考えから新組織を設けようということになった。

公共統括本部の会議は毎週のように開かれ、各省庁を担当する事業部長が参加し、部門を超えた情報の共有や対策などを議論している。現在は名称を「デジタルガバメント対策会議」と変えているが、従来の縦割り体制を打破し、毎回、熱心な議論が続いている。

公共統括本部が設置されたことにより、既存案件の防衛だけでなく、攻めの手段も講じやすくなった。横断組織のおかげで、デジタル庁が所管する地域や準公共分野のデジタル化やマイナンバー関連事業なども中央省庁や自治体など政府全体の動きを見据えたうえで提案できるようになった。

最近は地方自治体が持つ情報システムやネットワークの仕様を統一する動きやスマートシ

ティ／スーパーシティを推進する動きも出ており、そうした動きにも対応して、自治体を含めた提案をしていく構えだ。

ＮＴＴデータ社長の本間洋は２０１８年に着任して以降、各地域会社にも「地域のビジネスに注力するように」との号令をかけており、デジタル庁発足をきっかけに新たな営業体制を全社挙げて構築しようとしている。

スマートシティ事業で電通など新たな勢力とも競合

ＮＴＴデータの動きに対し、ライバル企業もデジタル庁対策に乗り出した。初代デジタル大臣の平井から槍玉にあげられたＮＥＣは「ガバメント・クラウド推進本部」を設置。クラウド環境やアジャイル開発などの先進技術を活用した行政のデジタルトランスフォーメーション（ＤＸ）を支援していくという。

サービス面では２０２０年7月から官公庁及び関連機関向けにマルチクラウドに対応した閉域網による接続サービスを提供開始している。ＮＥＣのクラウド基盤だけでなく、アマゾンの「ＡＷＳ」やマイクロソフトの「Ａｚｕｒｅ（アジュール）」などパブリッククラウドも利用できるようにした。政府が推す「クラウド・バイ・デフォルト」の原則に沿った格好だ。

クラウド・バイ・デフォルト原則の象徴ともいえる「第2期政府共通プラットフォーム」

図表5-3　大手IT企業のデジタルガバメント戦略

会社名	デジタル庁対応組織の新設	マルチクラウドサービス	自社クラウドのISMAP対応	スマートシティに向けた主な取り組み
NTTデータ	公共統括本部（21年7月に新設）	OpenCanvas for Government（21年2月に提供開始）	○	●スマートシティの実現に向けた新プラットフォーム「Society OS™」を創設（21年1月） ●地域・自治体向けビジネスの強化（18年度~21年度）
富士通	–	ガバメントクラウドサービス（20年5月に提供開始）	○	●スマートシティソリューションの確立に向けた各種実証 ●子会社再編、富士通Japan設立
NEC	ガバメント・クラウド推進本部（21年4月に新設）	官庁向けクラウドサービス（20年7月に提供開始）	○	●スーパーシティ事業推進本部を設置（21年7月） ●13地域でスマートシティの取組みを支援
日立製作所	–	–	○	●「自治体デジタル・トランスフォーメーション（DX）推進計画」に対するソリューションを新たに体系化（21年6月）

出所：MM総研作成

図表5-4　大手IT企業の収益性比較

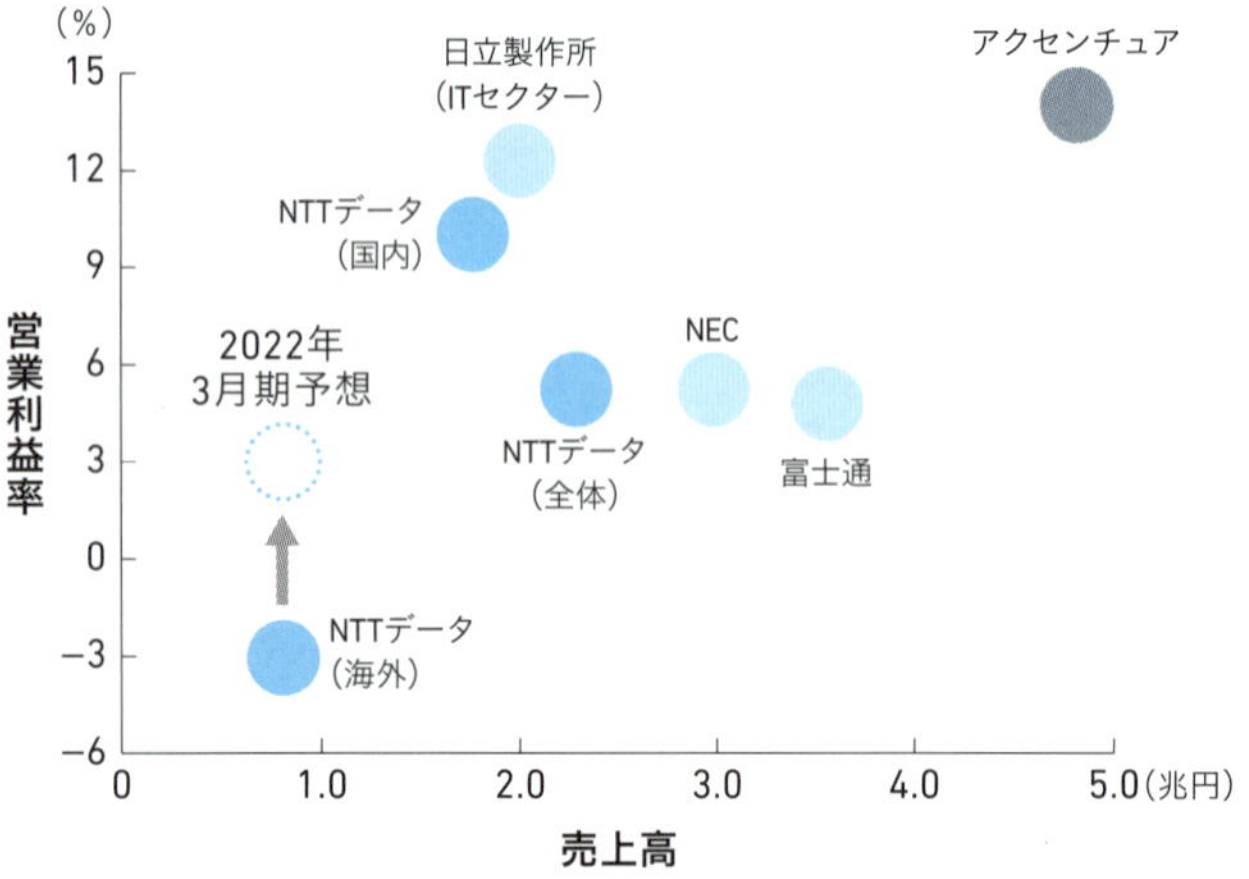

出所：MM総研作成

はＡＷＳをベースに構築しており、21年度の運用業務はＮＥＣが請け負う。ＮＥＣはそうした運用実績をテコにほかの政府案件にも食い込んでいきたい考えで、政府自身も政府共通プラットフォームをさらに拡張し、自治体にも使えるような「ガバメント・クラウド」を構築しようとしている。

一方、スマートシティの領域にも多くのＩＴ企業が参入しており、競争が激化している。国内の大手ＩＴ企業以外にも、アクセンチュアなどのコンサルティング会社や、ソフトバンクなどの大手通信事業者、それに電通グループのようなメディア関連企業までこの分野に参入しようとしており、自治体などを巻き込んだスマートシティ・プロジェクトが今後は目白押しとなりそうだ。

第3章 5G成功を左右する電波行政

２０２１年10月、「携帯電話料金の引き下げ」を政権の目玉政策に掲げ、強力に政策を推進してきた菅義偉内閣が総辞職した。菅は官房長官時代の18年から「日本の携帯電話料金は高すぎる。４割値下げできる余地がある」と発言し、国内の大手通信事業者に圧力をかけてきた。

20年9月の菅政権発足で一層強まった政治の風圧を感じ取ったのか、早速、携帯料金の引き下げに動いたのはＫＤＤＩ（ａｕ）とソフトバンクだった。

メインブランドでドコモが値引きしかける

ところがＫＤＤＩとソフトバンクが表明した値下げはそれぞれサブブランドである「ＵＱ

モバイル」と「ワイモバイル」での新料金プランだった。もともと割安なプランで売り出しており、そこから値引きをしても両社の懐具合にはあまり響かない内容だった。「本丸のメインブランドはどうなんだ」。KDDIとソフトバンクの新プランに対し「羊頭狗肉」だと不満をあらわにしたのは菅政権で総務大臣を務めた武田良太だ。

テレビのニュースで流れた武田の口ぶりから、「国民共通の敵は携帯通信事業者だ」と言わんばかりの印象を感じ取った国民は少なくないだろう。多くのユーザーが契約するメインブランドはまったく値下げされていないというわけだ。音なしの構えを見せていたNTTドコモにとっては、自らの出番だととらえた一瞬だった。

NTTドコモがメインブランドの新しい格安プラン「ahamo（アハモ）」を発表したのはそれからわずか1週間後のことだ。申込手続きなどをオンラインに限ることでパケット容量20ギガバイトのプランを月額2980円（税別）という破格の料金で打ち出してきたのである。

ドコモの発表を受け、KDDIやソフトバンクもメインブランドでの格安プランを設定することにし、それぞれ「povo（ポヴォ）」や「LINEMO（ラインモ）」といった新プランでドコモの後を追った。3社とも容量は20ギガバイトで月額3000円以下を実現したプランで、申込手続きはオンラインに限定している。

図表5-5　携帯電話の平均月額利用料金

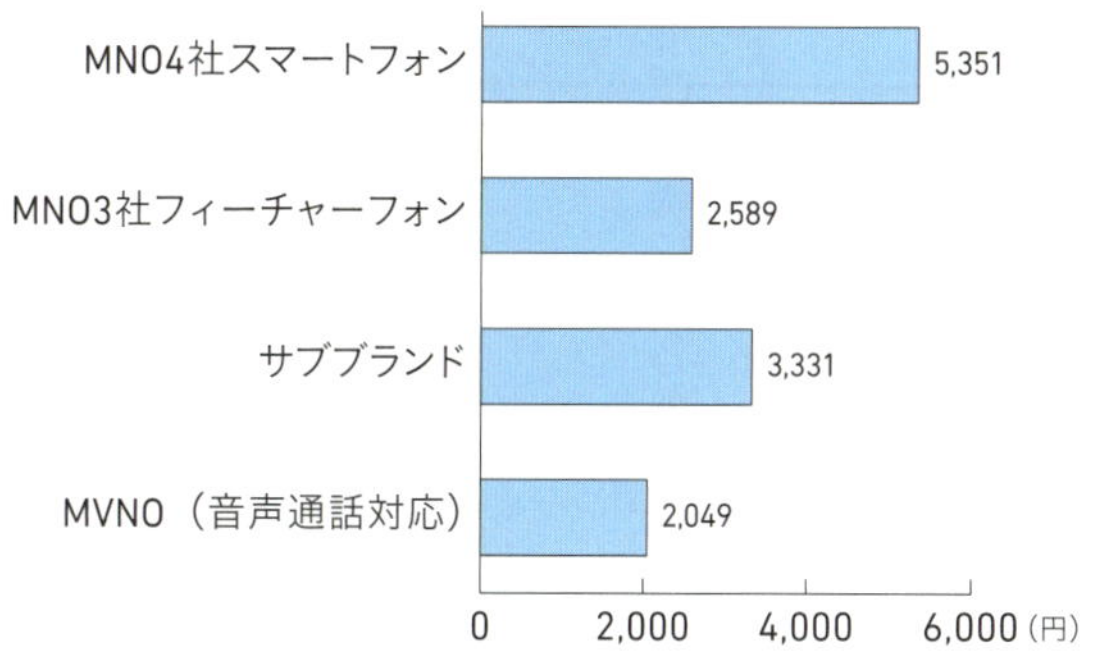

出所：2021年MM総研調査

そこで苦境に立たされたのが20年4月に鳴り物入りで携帯電話事業に本格参入した楽天モバイルだった。実は楽天の新規参入は携帯電話料金の引き下げを目指した菅政権の通信政策をバックアップするカンフル剤で、一部制限はあるもののデータ通信と通話が使い放題で月額2980円（税別）に設定し、大手通信事業者に比べ非常に安い料金でサービスを展開していた。

楽天の会長兼社長の三木谷浩史によると「携帯電話事業の損益分岐点はユーザー数700万契約」だという。大手通信事業者の回線を借りてMVNOサービスを提供してきた楽天にとって、自前設備による携帯事業参入はかなり高いハードルだったが、あえてそれに挑戦したのは菅政権の支持をあおげるという読みが働いたからだ。

ところが大手通信事業者が相次いで発表したオンライン契約による新しいプランは、楽天のハードルを高くした。そこで楽天はさらなる値下げに踏み切り、21年4月から1ギガバイトまでは基本料金無料、3ギガバイトまでは税別で月額980円、20ギガバイトまでは同1980円、そして月額2980円支払えばそれ以上は使い放題という段階定額制の新プラン「UN－LIMIT Ⅵ（アンリミット・シックス）」を投入する。菅政権の発足により本丸のメインブランドで例を見ないほど料金競争が過熱した。

官製値下げ競争で体力を消耗した携帯各社

政府主導の携帯料金引き下げにより、携帯通信事業者各社は大幅な減収を迫られる結果となった。21年度第1四半期の決算説明会に登壇したNTT持株会社社長の澤田は「新料金プランの値下げの影響により、年間2500億円の減収を見込んでいる」と表明。競合するKDDIも年間600億〜700億円、ソフトバンクは700億円程度の減収を見込んだ。

また楽天モバイルに至っては、21年度第2四半期の決算説明会で、モバイルセグメント（携帯電話部門）の営業損失が前年同期に比べ459億円増えて996億円を計上すると発表。携帯各社は大きなダメージを受けることになった。通信事業者の体力疲弊につながる事態に「日本の通信業界の発展に禍根を残す」と専門家も懸念した。

特に国を挙げて普及を目指している高速通信規格「5G」の整備を加速させるには、5Gに対応した基地局整備などに莫大な設備投資が必要となるからだ。

ドコモなど国内の大手通信事業者3社が5Gの商用サービスを開始したのは20年3月。米国のベライゾンや韓国のKTなどはその1年前から開始している。日本は4Gのネットワークが高度に整備されていたことに加え、当初20年に開催を予定していた東京オリンピック・パラリンピックに5Gサービス開始の照準を定めていたためだ。

ところが新型コロナウイルスの感染拡大により、オリンピックの開催が1年延期となり、そのために準備してきた様々な映像配信システムなど5Gのユースケース（利用事例）の披露も1年遅れてしまった。結果的に「日本の5Gの整備は世界から大幅に出遅れた」という厳しい評価が下されてしまったのである。

21年度下期に入り、大手通信事業者各社の5G対応エリアは急速に拡大している。しかし官製値下げで利益が逼迫される中、国内4事業者合計で年間1兆円に上る設備投資を続けていくことは容易ではない。

さらに世界はすでに次世代の「Beyond（ビヨンド）5G」や「6G」の準備態勢に入っており、新たな技術開発競争が始まっている。NTTは光情報通信基盤の「IOWN（アイオン）」で世界をリードしていく計画だが、菅内閣時代の携帯料金引き下げによる収益悪化が5Gの整備や「IOWN」の開発などに悪い影響を与えないとも限らない。

「ドコモ完全子会社化はグループ力強化に働く」と競合各社が非難

ドコモがNTT持株会社の完全子会社化となったことで、競合各社は一斉に公正競争上の懸念を表明し、完全子会社化が完了した直後には国内通信会社28社で総務大臣あてに意見中出書を提出した。KDDI社長の髙橋誠は記者会見でも「ボトルネック設備の開放性の確保が重要だ」と懸念を示すメッセージを発信している。

ボトルネック設備とは、各家庭や企業などに接続する際、必ず経由しなければならない光ファイバー網や電話局設備などを指しており、そのほとんどをNTT東日本と西日本が保有している。携帯電話から家庭向けに電話をする場合も同様で、NTTドコモのみならず競合する事業者も必ず利用しなければならない設備だ。

さらに5Gでは従来の携帯通信サービスより高い周波数帯を利用するため、4Gよりも多くの基地局を配置する必要があり、無線装置と制御装置やコアネットワークなどを結ぶ伝送路には光ファイバー回線を利用しなければならない。携帯電話事業者各社は5Gに対応したエリアを拡大すればするほどNTTが保有するボトルネック設備を利用せざるを得ず、その分、利用料金が重くのしかかる構図だ。

ボトルネック設備の利用料金はこのところ下がってきたとはいえ、まだまだ高い水準にある。利用料金はすべての事業者に対し同等条件で設定されているため、その負担はＫＤＤＩやソフトバンクだけでなく、同じグループのドコモにも同様に課されている。

ところがドコモがＮＴＴの完全子会社になったことで状況が一変する可能性がある。ＮＴＴ東日本や西日本もドコモと同じ持株会社の１００％子会社であるため、グループ全体の利益を最大化するためにはＮＴＴ東西が保有するボトルネック設備の利用料金を下げないという選択肢が生まれたからだ。

また「ボトルネック設備を保有するＮＴＴ東日本や西日本がグループ企業であるドコモだけを優遇する可能性がある」といった声も上がった。

そこで総務省は20年12月から「公正競争確保の在り方に関する検討会議」を開き、ボトルネック設備の問題だけでなく、ドコモの完全子会社化に関わる様々な問題について議論することにした。

21年10月に公表された検討会議の報告書では「ドコモを新たにＮＴＴ東西の特定関係事業者に指定する必要がある」と明記。これによりＮＴＴ東日本や西日本とドコモとの「役員の兼任」や「義務コロケーションや販売取次等の電気通信業務以外の業務」についても不当な優遇措置を禁止する規制が適用されることが実質的に決定した。

さらにドコモとNTTコミュニケーションズの法人営業部隊が一体化された場合の市場文配力に対する懸念や、次世代通信技術のIOWN構想を見据えた2030年以降における「ネットワーク機能と切り離したネットワーク設備の提供の在り方」についても問題が提起された。

NTTは5GやIOWNの実現に向けてグループの再編により世界をリードしていく戦略だが、その矢先に起きたのが放送事業会社の東北新社に端を発した総務省幹部との接待疑惑問題だった。

第4章

GAFA先行許した情報通信政策

海外の巨大IT企業を対象にした規制法が施行

2021年2月、「特定デジタルプラットフォームの透明性及び公正性の向上に関する法律」（通称「デジタルプラットフォーム取引透明化法」）が施行された。

国内流通総額が年間3000億円以上あるネット通販事業者と、同じく2000億円以上の取扱高があるアプリストア運営事業者を対象に、取引条件などの情報開示を求め、透明化に向けた自主的な手続きや体制の整備、実施した措置や事業の概要について自己評価を付けた報告書を毎年度提出することが義務付けられた。

この法律により「特定デジタルプラットフォーム提供者」として指定されたのは6社だ。オンラインモールの運営事業者ではアマゾンジャパン合同会社、楽天グループ株式会社、ヤフー株式会社の3社、アプリストアの運営事業者ではアップル・インクと同子会社のiTunes（iチューンズ）株式会社、グーグルLLCの3社である。一部のデジタルプラットフォームでは規約の突然の変更や取引拒絶の理由が示されないなど、取引の透明性や公正性が低いことが度々問題となっていた。

さらに21年4月、「電気通信事業法及び日本電信電話株式会社等に関する法律の一部を改正する法律」が施行。国外事業者に対しても電気通信事業法の適用を拡大させ、同法に違反した場合に社名の公表などができるようになった。

これまでの電気通信事業法では、海外に拠点を置き、国内に電気通信設備を持たずにサービスを提供している事業者は、日本国内の利用者にサービスを提供している場合であっても法律が及ばないものとされていた。海外事業者がユーザー情報を大量に漏洩したり大規模な

図表5-6　通信・コンピュータ・情報サービスの日本の国際収支

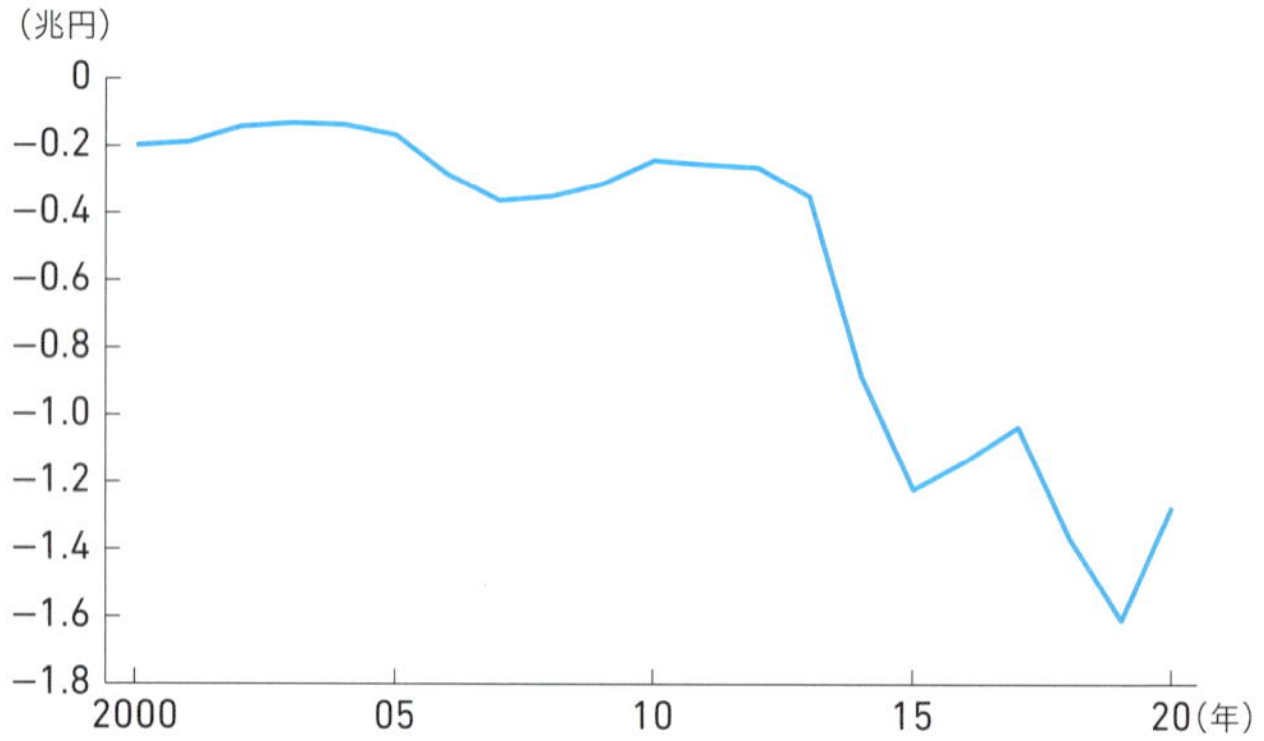

出所：財務省資料などをもとにMM総研作成

通信障害を起こしたりしても利用者保護が十分に図られず、国内事業者との間で競争上、不公平が生じているといった問題が指摘されていた。

日本政府がこうした新たな法制化に動いた背景には、米国の巨大ＩＴ企業によるデジタル市場での寡占化が見逃せない。経済活動のデジタル化やグローバル化の進行に伴い、ＧＡＦＡが提供するプラットフォームの利用が日本国内でも急速に拡大しているからだ。

ＧＡＦＡなどが提供するオンラインショッピングサイトやソーシャル・ネットワーキング・サービス（ＳＮＳ）、ネット検索、デジタル地図情報サービスなどを無料で簡単に利用できる環境は一般消費者には当た

図表5-7　GAFAとNTTの売上高推移

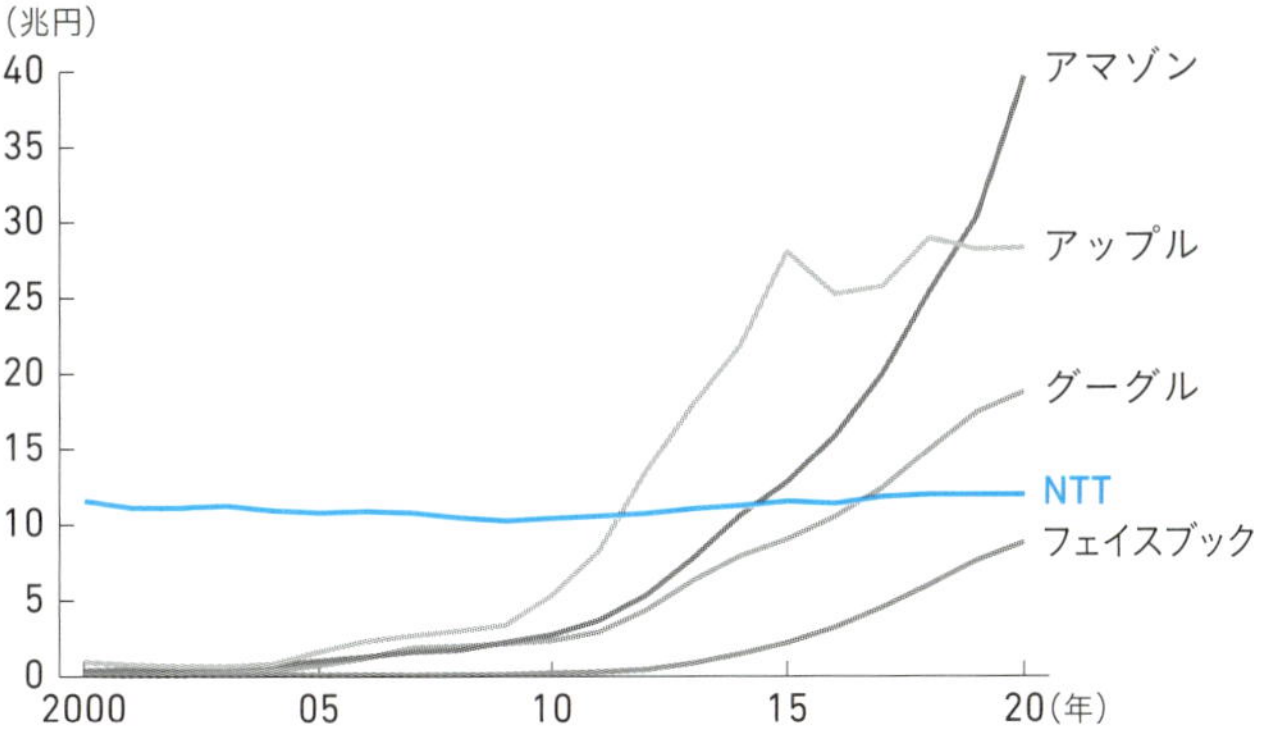

出所：各社発表資料をもとにMM総研作成

り前となっている。中小企業などもオンラインモールを使って、これまで取引できなかった国内外の企業や消費者にリーチできることは大きなメリットだ。

海外ではこうしたプラットフォーム事業者が優越的な立場を利用してデータを不当に取得していることなどが問題とされていたが、日本ではこれまでそうした大手の海外事業者を規制する明確な法律がなかった。

図表5－6と5－7はそれぞれ2000年から20年間にわたる日本のICTサービスの国際収支と、GAFAとNTTの売上高の推移を表したものだが、海外IT企業の売上高が一気に拡大していることは一目瞭然だ。

「通信・コンピュータ・情報サービスの日本の国際収支」はGAFAが急成長し始めた2010年代中頃から急激に悪化しており、赤字幅は1兆円を超す規模にまで拡大している。GAFAを中心とした海外のプラットフォームサービスの利用が日本国内で急速に拡大していることがその背景にある。

「足踏み」したNTTの20年

「GAFAとNTTの売上高推移」のグラフを見ると、この10年間にGAFAが加速度的な成長を遂げていることが分かる。

一方のNTTはこの20年間、売上高は10兆円を超えたところでとどまり、ほぼ横ばい状態が続いている。12年にはアップルに抜かれ、15年にはアマゾンにも追い抜かれた。そして17年にはグーグルにも抜かれ、いずれもNTTの何倍もの売上高を誇る企業に成長している。フェイスブックに抜かれるのも恐らく時間の問題といえよう。

20年前の2000年当時、フェイスブックはまだ創業もしておらず、ほかのアップル、グーグル、アマゾン3社の売上高をすべて合計しても、NTTの1割程度にしかならなかった。ところが今では状況は完全に逆転し、NTTの売上高はGAFAの合計売上高のわずか1割ほどしかない。

総務省と経済産業省で情報通信政策の足並み揃わず

ＧＡＦＡに対し日本政府が規制に動いたのは前述した通り、２０２１年に入ってからだが、なぜこれまでそうした政策をとらなかったのか。ひとつには政府の情報通信政策を所管する組織が総務省と経済産業省（経産省）に二分され、統一的な動きをとりにくかったという面が見逃せない。

「情報通信産業」と一口に言っても、日本では「情報」とは「コンピューター」を指し、「通信」は「コミュニケーション」を意味する。情報産業を監督するのは伝統的に経産省の仕事で、総務省はもっぱら通信事業者の方を監督してきた。

大型汎用機に代表されたコンピューターが単体で利用され、通信は主に音声通話に使われた時代はそれでよかったが、１９９０年代半ば以降のインターネットの急速な普及により、コンピューターと通信は切っても切れない関係となった。

そうした中で情報通信政策に関する総務省と経産省による二元行政はその前の郵政省と通商産業省の時代からの構図がそのまま持ち越されてしまった。

用語の使い方ひとつとっても、経産省は「ＩＴ（情報技術）」という表現を用い、総務省は「ＩＣＴ（情報通信技術）」と表現する。機械や装置がインターネットにつながる時代が到来しても、経産省は「ＣＰＳ（サイバー・フィジカル・システム）」という言葉を使い、総務省は「インテリジェントICT」といった言葉を広めようとした。

結果的には「デジタル」という言葉で一本化され、新たに「デジタル庁」が発足したことで、「総務省vs経産省」という対立の構図に終止符が打たれたが、情報通信政策を一元化しようという動きは実はデジタル庁が発足する前からあった。1990年代末の橋本龍太郎政権下でスタートした行政改革での議論だ。

当時も行政組織の縦割りが問題とされ、2000年1月の省庁再編では、運輸省と建設省は国土庁と北海道開発庁と一緒に「国土交通省」に改編され、厚生省と労働省は「厚生労働省」に、文部省は科学技術庁と一緒に「文部科学省」へと衣替えすることになった。

幻に消えた「情報通信省」構想

実はこの時、郵政省の通信行政部門を切り出し、通産省主導で「情報通信省」を新たに設ける構想が水面下で動いていた。ところが、その動きを察知した郵政省が反発。結局は総務庁と一緒に自治省に合流する形で今日の「総務省」が出来上がった。

地方行政のデジタル化という点では、自治省と郵政省の合体は功を奏したといえるが、肝心のコンピューターと通信との一元的な政策という意味では従来とあまり変わらなかった。その間に進んだのがコンピューターと通信をつないだインターネットという新しい情報技術革新だった。

情報通信技術（ＩＣＴ）のパワーはインテルの創業者、ゴードン・ムーアが「ムーアの法則」で指摘した通り、エクスポネンシャル（指数関数的）に拡大し、その技術の進化を最大限に活用することで今日の地歩を固めたのがほかならぬＧＡＦＡだ。

ところが日本ではこの間、総務省は国内の通信事業者同士の競争関係ばかりに気をとられ、経産省はマンガやアニメーションなどの文化的なコンテンツ政策には力を注いだものの、クラウドをベースとした新しい情報サービスの創出には、ほとんどその力を発揮することはなかった。

経産省がこの間、ＩＣＴの分野で唯一、世界の主導権を取りにいこうとした政策は２００７年にスタートした「情報大航海プロジェクト」だ。ちょうどグーグルがネット検索技術で世界に台頭し始めた時で、大量のデータをさばく検索技術を日本の大手民間企業の英知を結集して構築しようとした。

企業の縦割りと国プロの弊害がグーグル対抗策を阻止

目指すところは悪くはなかったが、民間企業の縦割り体質と国家プロジェクトの悪い面が出て、プロジェクトは結局、単なる寄り合い所帯となり、明確な成果を残せぬまま3年で幕を閉じた。グーグルの潜在能力を理解していなかった政治やメディアから「国民の税金を投じて今さら日本版グーグルをつくってどうするのか」といった批判が出てきたことも、プロジェクトにとっては逆風となった。

今考えれば皮肉な話だが、そうした皮肉なことは続くもので、当時の麻生太郎首相が2009年に衆議院を解散すると自民党は大敗、民主党へ政権交代となった。民主党が政権をとった鳩山由紀夫内閣でもデジタル分野については自民党時代の政策をほぼ引き継ぎ、着実に実行しようとしていたが、そこにやってきたのが「未曾有の大地震」といわれた東日本大震災だった。

結局、政府も通信事業者も新たなデジタルサービスの創造どころではなくなり、被災地支援のための通信対応などに追われ、GAFAの台頭や次世代技術であるクラウドコンピューティングの登場などに目を配る余裕はなく、気がつけば海外の大手IT企業が提供するプラットフォームサービスが日本に入り込んでしまったのである。

そうした中で日本政府が「外敵」ともいえるGAFAに対抗すべく、新たな法整備や規制強化に乗り出したことは大いに評価に値する。

「未来投資戦略」で初めてＧＡＦＡ規制検討

政府内でも世代交代が進み、若手官僚に実権が移ると、かつての経産省と総務省との縄張り争いは矛をおさめ、遅ればせながら経産省、総務省、そして競争政策を担う公正取引委員会の3省庁で２０１８年から共同で議論するようになった。

18年6月に閣議決定した政府の「未来投資戦略２０１８」には初めてＧＡＦＡ規制を検討する内容が盛り込まれた。

ＮＴＴグループなどの海外戦略の出遅れや日本の国際競争力の低下に対し深刻な懸念を表明し、競争政策や情報通信政策、消費者保護政策など様々な視点から情報通信市場の実態調査を行い、21年の「デジタルプラットフォーム取引透明化法」の施行にこぎつけたのである。

今後はオンラインモールやアプリストアだけでなく、インターネット広告やスマートフォンの基本ソフト（ＯＳ）などの分野についても新たな規制やルールづくりを検討する考えだ。

21年4月に施行したもう一方の「改正電気通信事業法」は総務省が所管する内容だが、こちらの法改正も情報通信市場に対する政府の積極的な関与を示すものだ。これまで日本国内で法的責任を持たず、規制の対象にもなっていなかった海外事業者に対し法の網をかけ、公正な競争環境と消費者保護の実現に力を入れようとしている。

日本は先進国では珍しく憲法で「通信の秘密」をうたっているが、そうした法律を盾に海外事業者が日本国内で不当なサービスを提供している実態が見つかれば、業務改善命令などの行政指導を施す考えだ。

「課題先進国・日本」を舞台にＩＣＴの得意分野つくれ

海外事業者に規制をかければＧＡＦＡの勢いが止まり、日本の情報通信産業が復活するかといえば、話はそんなに簡単ではない。過度な規制はイノベーションを阻害する面もある。デジタル庁の発足により省庁横断的な情報通信政策への取り組みはようやく緒に就いたといえるが、本格的に前向きな政策を議論していくべきなのはむしろこれからだといえよう。

一方、ＧＡＦＡがすべての情報通信市場を押さえているかといえば、そんなことはない。製造業や医療、農業といった現場を抱えた分野や、スマートシティなど街づくりの分野では、ＧＡＦＡもまだ十分にビジネスモデルを構築できていない。

工場やプラントなどにおける設備や装置から得られるＩｏＴのデータ、病院や家庭における医療や健康に関するヘルスケアデータなどは、製造業や医療分野のデジタルトランスフォーメーション（ＤＸ）を促すだけでなく、「課題先進国」といわれる日本が世界をリードできる新しいＩＣＴの分野かもしれない。

デジタル庁を中心に製造業や医療、農業、教育、防災といった分野でデジタル化を促す政策を推進し、それを新たなソリューションビジネスとしていけば、ＧＡＦＡに負けない新しい日本の情報通信産業の姿を構築していくことも可能だろう。

第5章

デジタル化で変化する代理店施策

ＮＴＴドコモは新しい格安料金プラン「ａｈａｍｏ（アハモ）」の導入を機に販売チャネルのデジタル化も促そうとしている。ショップ運営の効率化や顧客サービスの向上が最大の目的だが、様々なデジタルツールの導入により業務の効率化を進めることで代理店に対する販売手数料体系の見直しにも踏み込んで行きたい考えだ。

ライバル事業者に勝つためには魅力的な料金プランを消費者に提供しなければならず、デジタル化はその費用を捻出する有力なツールである。携帯電話を取り巻く社会環境が急速に変化する中で、従来からの営業体制のままでは顧客ニーズに応えられず、ライバルとの競争

図表5-8　携帯電話端末の国内出荷台数推移

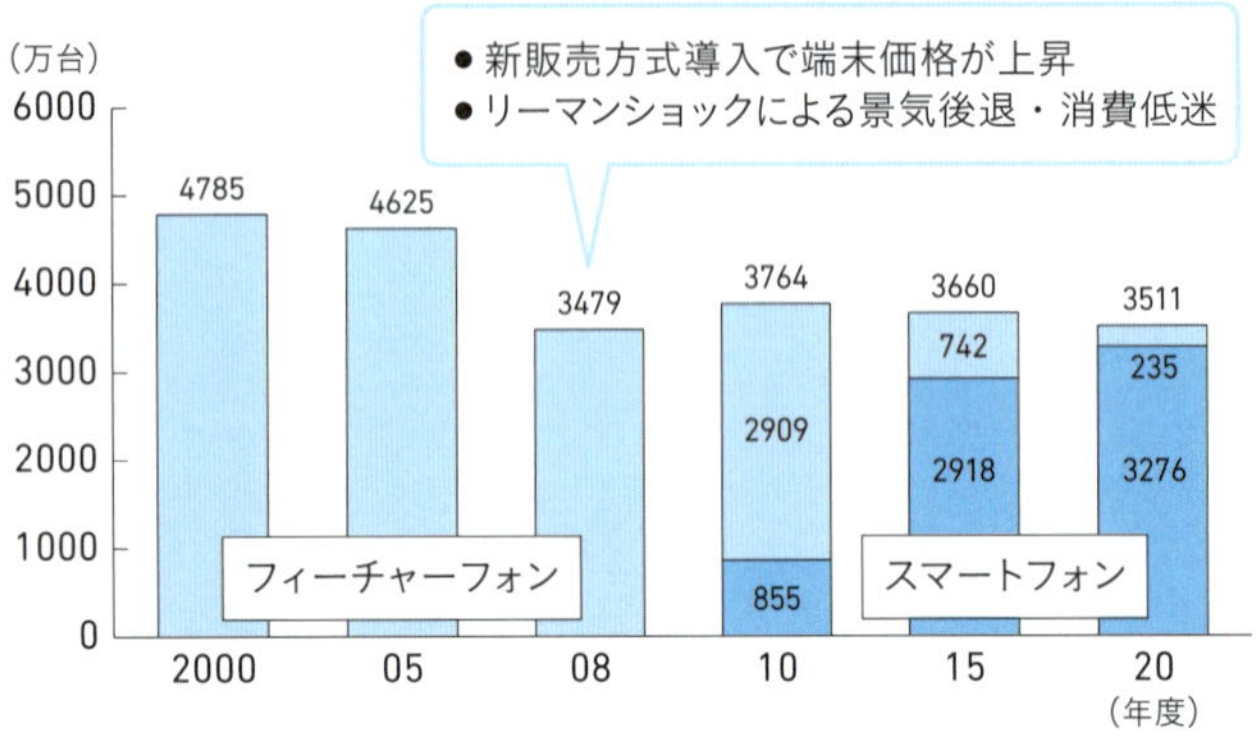

出所：MM総研作成

にも勝てないという危機意識がドコモ内部にも高まっている。

長引くコロナ禍で店頭での密状態を避ける取り組みが浸透し、利用者もオンライン予約で最適な時間に接客を受けられるようになった。以前のように店内で1～2時間待たされることもなくなった。さらに時間や場所の制約を受けないオンラインでの契約手続きや顧客サポートが実現すれば、消費者にも喜ばれるに違いない。

こうした要請から総務省でも「DX時代における代理店の在り方」と題した有識者会議が開かれ、議論が高まっている。全国に約8000店ある販売代理店は利用者に最も近いサポート窓口だが、コロナ禍でオンラインによる手続きが広がり、オンライン専用の格安プランが登場したことで販売代理店の役割にも変化が訪れつつある。

ドコモではそうした販売代理店に対し、地域の情報サービスステーションという役割を担ってもらおうと考えている。総務省内にも「販売代理店にマイナンバーカードの普及促進活動やサポート窓口ができないか」という声があり、ドコモ社長の井伊も「携帯ショップでマイナンバーカードなどデジタル化のサポートを有償でやっていけないか」と代理店の幹部を説得し始めた。

携帯端末がオンラインで売られるようになれば、販売代理店も別なところから収益を得る必要がある。来店客に対し様々な情報支援サービスを有償で提供できるようになれば、新たな成長の機会が見込めるだろう。高齢者や商店主など来店が難しい顧客に対しては訪問サポートなども新たなサービスとなりうる。

こうした新しい携帯ショップ作りを進めていくには、手続き業務のデジタル化だけでなく、代理店向けの販売手数料体系の見直しや業務内容の拡大も不可欠だ。

これまで販売代理店では系列の通信事業者の製品やサービスしか取り扱うことができないと考えられていたが、ドコモはこうした方針を転換し、代理店が独自にサービスを提供することを推奨するようにした。

トータルライフ拠点としてのドコモショップ目指す

ドコモは2008年7月に各地域会社を合併し、全国1社営業体制となった後、ブランド強化を推進するようになった。

ブランド名の「NTTドコモ」のロゴも一新する一方で、販売代理店に対する支配を強め、店舗にも画一的なサービスを提供するようにした。どの店舗に行っても「金太郎アメ」のように同じサービスを受けられるようになり、「キャリアブランドに対する安心感や信頼感の醸成には貢献したものの、これからのデジタル時代には通用しないだろう」という声も聞かれるようになった。

ドコモとしても地域の特性に合わせた集客スタイルや販促活動などを代理店側に認めるよう努めてきたが、「アハモ」の投入はそうした販売店政策を大きく転換するきっかけにもなった。簡単にいえば、販売手数料を減らす代わりに減収分は代理店が自らの力で稼いでほしいというメッセージだ。

こうしたドコモの方針転換に対する代理店の反応は様々だが、「待ってました」とばかりに積極的に営業改革に動き始めた代理店もある。

ドコモが期待しているのは様々な生活ニーズにすべて応える「トータルライフサポート拠点」としてのドコモショップであり、地域の住民や企業に対しドコモショップの店舗施設や顧客対応力などを開放し、「地域全体のデジタル化を促す支援係になってほしい」（井伊）というものだ。

そのための動きはすでに始まっている。企業や自治体と連携した様々なサービスの検討が始まっており、地域の企業や異業種とも連携を進めている。5Gを活用した新しいサービスや商品などがショップで販売される日もそう遠くはないだろう。

一部のドコモショップでは店舗スペースを活用した「eスポーツ」イベントを開催するなど新たなサービスの提供に動いている。「ドコモのブランドに縛られ、画一的なサービスしか提供できず、閉塞感があった」（ある販売代理店）という状況から今、大きく脱却しようとしている。

地域単位で中核店舗を置くエリア・ドミナント方式も検討

デジタル化と多様なサービスの提供は携帯ショップの店舗のサイズや開設エリアなども大きく変える。ドコモはこれまで集客が見込める立地のよい場所に大規模店舗を展開してきたが、2021年度からは出店戦略を大きく方向転換した。

ポイントはそれぞれの店舗にどんな役割を担わせるかだ。例えば一定の商圏内に核となる「基幹店」をつくり、その周辺にサテライト的な店舗を展開する形も想定される。大規模な基幹店は地域のパートナー企業や自治体、それに代理店独自の商品やサービスを提供する地域の拠点とする考え方だ。

一方、サテライト店は従来よりもコンパクトで小規模な店舗にし、アフターサポートを店舗運営の中心とする。オンラインでは解決できない端末サポートやサービスの支援を担い、訪問サポートサービスの拠点としても活用できる。

今後の店舗展開では地域単位で代理店を再編することも必要だろう。いわゆる「エリア・ドミナント」と呼ばれる仕組みで、すでにソフトバンクは導入している。言い換えれば、地域のショップ運営を特定の代理店に集中するやり方だ。代理店側は特定地域の店舗を手放す代わりに別の地域で新たな店舗を運営できるようになる。

エリア・ドミナント制のメリットは店舗間の連携やスタッフの配置などの柔軟性がより高まる点で、サービス提供のスピードも上がるに違いない。逆に代理店にとってはドコモから地域の中核代理店に選ばれるかどうかが生き残りの鍵となる。

「携帯端末が国民に一通り出回った今、携帯ショップが今のまま残れるとは考えられない」。代理店経営者は口々にこう語るが、アハモの投入をきっかけに販売チャネルのデジタル化が進めば、販売代理店側も新たな事業の取り込みができるようになるだろう。

interview

澤田純

ＮＴＴ社長

◎事業ドメインや地域ごとにＮＴＴグループを再編
◎２０２５年頃からＩＯＷＮネットワークを本格的に構築
◎「Ｂ２Ｂ２Ｘ」の「黒衣型ビジネスモデル」をコアに

――ＮＴＴドコモ、コミュニケーションズ、コムウェアを統合する狙い、ＮＴＴグループ再編の最終形・理想の形をどのように考えていますか。

ドコモはすでにほかの事業者との競争で負けています。シェアは40数%を維持していますが、法人事業の売上高は2番手です。１９９０年代の市場環境とは違います。ドコモは強い競争相手と戦っていますが、法人のお客様が求める固定ネットワークサービスがありません。モバイル専用の中継ネットワークを独自に持っているため効率も悪いです。

早くやらないと負けが進んでしまう。一日も早くドコモとコミュニケーションズを統合して、同じスタート地点に立たせようと考えていました。今後は総合ICT事業者として中核会社になってもらいます。

NTT東日本、NTT西日本は2015年に卸売ビジネスに変えたので、日本のネットワークインフラを支える会社と位置付けています。その上で地域経済と一緒に育つような会社にしていきます。

NTTグループは事業ドメインごとに再編してきました。ドコモや東西以外はシステムインテグレーション事業、不動産事業、電力事業などです。ただ、まだ道半ばです。グローバル事業はNTTリミテッドとNTTデータが担っていますが、最終的には地域ごとに集めるべきだと考えています。一方で法人向け以外のグローバル事業はドコモがやるべきだと思います。

――グローバル事業の中間持株会社、NTTインクを設立した狙いと今後の戦略を教えて下さい。

コミュニケーションズとディメンションデータ、さらにはNTTデータも世界各地で企業を買収していて、どこもブランドを変えなかったので、まさに百花繚乱のようになっていました。

２０１０年代はトップライン（売上高）を伸ばすことを考えていましたが、ファイナンスの面で利益を重視するようになったため、事業の合理化を推進するためにＮＴＴインクを設立しました。

コミュニケーションズの海外事業とディメンションデータを統合してリミテッドを設立し、ＮＴＴデータもヨーロッパの現地法人を統合しました。

現在、ＮＴＴインクの下には法人向けの事業しかありません。ＩＯＷＮでは法人系の光電融合ＬＳＩを使った製品が出てきますので、これを誰が作って、誰がグローバルで売るのか。それを利用して誰がサービスを提供するのか、それとも技術供与だけにするのか。ビジネスモデルはたくさんあります。そういう意味でＮＴＴのグローバル戦略とＩＯＷＮの戦略は一緒になっていきます。

法人向けに販売するときのウイング（部隊）はありますが、それしかないのが現状です。５ＧではドコモがＮＴＴデータやメーカーのＮＥＣ、富士通と一緒にグローバルで「Ｏ－ＲＡＮ（オープン無線アクセス・ネットワーク）」事業を始めました。ＮＴＴが進める次世代技術の「ＩＯＷＮ」のプロダクトを売るという将来像が少し見えてきました。

――次世代の光情報通信基盤ともいえる「IOWN」構想ですが、今後のロードマップを含めてご説明いただけますか。

IOWNの「光電（光と電気）融合型」のチップは2022年から23年に要素技術が出来上がり、24年から25年にパッケージ化して提供します。エンドツーエンド（端から端まで）の光ネットワークがあと数年で出てきます。現状の設備を活用しながら配線方式などを開発し、25年頃から敷設します。

IOWNは従来の光ファイバーと配線がまったく違います。今までは電話をつなぐように一軒一軒に分岐させて接続しましたが、IOWNは波長を届けるという構造で、相手先がビルでも基地局でも個人宅でも同じように扱えます。光を分岐させる技術を確立しましたので、波長を1本飛ばせればそこから分岐していくらでもつなげられます。デジタルの割り当てのような概念ではなくて、テレビのような波の概念で重畳させるような設計方法でループ（輪状）になります。物理的にはループではありませんが、論理的にはループになるので信頼性が上がります。

25年にはLSI（大規模集積回路）の中は電気だが、アウトプット（出力）の部分、I／O（入出力）のほかは光ファイバーを使うホワイトボックス（汎用型装置）が出てきます。データセンターなどに導入していきます。

次のステップが光半導体によるオール光化です。これは2030年頃の実現を目指しています。光半導体はもう少し技術の蓄積が必要ですが、光と電気のハイブリッドの光電融合型から段階的にオール光化を進めていきます。

IOWN構想ではオール光ネットワークの上にデジタルツインがあるのですが、2020年代の中盤以降に拡張していきます。ネットワーク事業者としてデジタルツインやメタバース（仮想空間）をオール光ネットワーク、5Gでつなぐサービスを出していきます。それをつなぐためのマルチオーケストレーション（総合自動運用管理）の高度化が必要になり、（あらゆるICTリソースを最適に調和し必要な情報をネットワークに流通させる）コグニティブファウンデーションの機能が重要になります。これも2020年代中盤以降に機能拡張していきます。

――三菱商事やトヨタ自動車との提携の狙いと経緯を教えて下さい。

NTTはB2B2X（企業対企業対付加価値）のビジネスモデルをコアに置いています。真ん中のB（パートナー企業）を支えるファーストの企業になろうと考えていて、前任の鵜浦社長の時代に打ち出したものです。

当時、鵜浦社長と篠原副社長と（副社長だった）私の3人で話していた時に、鵜浦社長が我々はパートナー企業の黒衣（くろこ）になるんだと言っていたので、「それはB2B2Xですね」と私が提案しました。

当時、三菱商事もB2B2Xで真ん中のBを支えるファースト企業になろうと考えていて、「それでは一緒に組んでお互いの商品を使ってお客様に紹介するなど包括的にやっていきましょう」ということになりました。

トヨタ自動車とは以前から自動運転技術を共同開発していました。スマートシティの構成要素のひとつが自動運転であり、そこには通信が必ず入るので、お互いに組みましょうという話をいただきました。

トヨタ自動車はKDDIさんやソフトバンクさんとも提携していますが、長期的な連携関係を示すために資本提携しようということになりました。トヨタさんは「マルチキャリア（複数の通信事業者）」と開発を進めているので、我々も「マルチ（複数の）自動車会社」と未来の技術を開発していこうと思います。

――NECに資本出資した理由と経緯と狙いも教えて下さい。

メーカーの方と共同研究をやりたいと思っていました。通信業界はソフトウエア化が進んでいます。

例えば、スウェーデンの通信機メーカーであるエリクソンの売上高を見ると、オペレーション（運用）事業が半分を占めています。業界構造が大きく変わっていく中で、我々は分野を決めずに包括的な共同研究をしていこうと考えました。

NECとの提携を進めるうえで新野社長（当時）の存在は大きかったですね。新野さんは京都大学のアメリカンフットボール部の1年先輩で、大変お世話になりました。

フットボールは企業論に似ているので大変勉強になりました。当時は作戦やコーチングに関する文献は英語のものしかなかったので、苦労して読んだのを覚えています。アサインメント（役割）、ミッション、機能分担などの重要性を理解できたので非常によい経験になりました。

アメリカンフットボール部の仲間とは今でも交流しています。三井住友フィナンシャルグループの太田純社長やサイゼリヤの堀埜一成社長、飛島建設の乗京正弘社長など様々な業界で活躍している経営者の方々もフットボールの仲間です。

――米ＩＴ大手、ＧＡＦＡとの関係について教えて下さい。

競争する分野と協調する分野、サービスを使ってもらっている分野など関係が混在しています。彼らはデータセンターやネットワークを自前で構築するようになっていますが、持っていないエリアは我々のサービスを使っています。

マイクロソフトとは法人向けのビジネスモデルが近いので包括的な提携をしています。他のハイパースケーラー（巨大クラウド事業者）とは是々非々で対応しています。アップルは「eSIM」で通信分野に拡張してくると競合していくでしょう。やはり通信に入ってくると我々とぶつかります。グーグルやアマゾンは宇宙に注目していて、衛星を何千機も打ち上げて通信できるようにしようとしています。そうなると本質的な部分で競合になると思います。

――「新たな日本型経営スタイル」を示した思いを教えて下さい。

日本という枠組みで考えた時、一極集中型の都市構造や社会構造ではレジリエンス（耐久性）が低くて危険だと思いました。少子化により、この規模の社会インフラを維持するのは難しくなります。分散型の国家、コンパクトシティを目指し、コネクテッドな分散都市をつくるべきではないでしょうか。

一方で企業経営の観点から見ると、リモートワークを導入すると社員満足度が上がります。そのためホワイトカラーの人は極力リモートにしたいと思います。リモートが難しい業務もプロセスをデジタルトランスフォーメーション（DX）で支援してリモートできるようにトライする。これからはリモートをベースにして働き方を考えることにしました。

リモートワークはグローバルな世界で見ると当たり前のようにやっていたことで、転勤や単身赴任などがなくなり、職住近接が実現します。そうすると地産地消が進み、地域に新しい産業が起きて、地方創生にも貢献できる。

この地産地消の考え方はエネルギーにもあてはまります。自ら本社を分けてサテライトオフィスを作り、地域に入っていく考えです。

リモートをベースとした働き方で昭和のビジネススタイルから脱却し、ウェルビーイング（健康経営）や豊かな社会を実現します。多数の社員を抱えるＮＴＴが動くことで多くの会社が賛同して続いてくれると期待しています。

第6部

2030年のグローバル情報通信市場

第1章

日本市場に攻勢かける米IT大手

米アマゾンがKDDIと組み5G市場に参入

米国からやってきた「黒船」が遂に日本の情報通信サービス市場に入り込んだ。2020年12月、米IT大手、アマゾン・ドット・コムがKDDI（au）と提携し、アマゾンが提供するクラウドサービス「アマゾン・ウェブ・サービシズ（AWS）」をKDDIの通信サービスにパッケージとして組み込むという発表だ。

「AWS Wavelength（ウエーブレングス）」と名付けた新しいサービスはKDDIの5G基地局など通信ネットワーク内にAWSのサーバーを設置し、5Gサービスを使ってAWSのクラウドサービスを利用できるというものだ。

5Gのネットワークは遅延時間が1000分の1秒と従来の4Gに比べ10分の1に短縮された。その5Gと融合したAWSの新しいサービスはこれまでのクラウドサービスと違い、利用者の近くでデータを処理する「エッジコンピューティング」の技術を活用するため、ユーザーはほぼリアルタイムで様々な情報を処理できるようになる。

従来のクラウドサービスは携帯通信網やインターネットなど様々なネットワークを経由するため処理に時間がかかり、ＩｏＴ（モノのインターネット）などミッションクリティカルな産業用途には使いにくかった。

新サービスはスマートファクトリーや自動運転といったデータをリアルタイムで処理する必要がある機械や装置を５Ｇネットワーク経由でＡＷＳのサーバーに直に接続できるため、人工知能（ＡＩ）やビッグデータ分析など幅広い用途への利用が見込まれる。アマゾンとＫＤＤＩはこの新しいサービスを２０２０年末から東京都内などで始めた。

米グーグルも独自のエッジコンピューティングを展開

アマゾンやＫＤＤＩが投入したこの技術は「マルチアクセス・エッジコンピューティング（ＭＥＣ）」と呼ばれ、５Ｇの時代には必要不可欠となる技術だ。

５Ｇが担う通信サービスは基地局と端末との無線区間だけで、クラウドにつなぐには他の通信網を経由しなければならない。５Ｇの「超低遅延」というせっかくの特長が損なわれるわけで、分析処理などを含めた総合的な低遅延を実現するには、処理基盤そのものを利用者に近いエッジ側に置こうというわけだ。

とりわけ５Ｇ利用の象徴的なユースケース（利用事例）ともいえる自動運転はミリ秒（ミ

リは1000分の1）単位の瞬時のコントロールが必要だ。

アマゾンはこうした狙いからMECの技術を世界に広めようと、2019年から米国のベライゾンや英国のボーダフォン、スペインのテレフォニカ、韓国のSKテレコムなど世界の有力通信事業者との協業を進めてきた。すでに世界8カ国でサービスを開始しており、日本でもデンソーが東京の羽田国際空港近くの研究開発拠点で自動運転の実証実験に活用している。

アマゾンのこうした動きに対し、ライバルのグーグルも米国のAT&Tやフランスの大手通信事業者、オレンジと提携し、「GMEC（グローバル・モバイル・エッジ・クラウド）」と名付けた独自のエッジ戦略を進めている。

マイクロソフトも20年3月から自社のMECサービス「Azure（アジュール）エッジゾーン」のサービスを開始した。米国のAT&Tのほか、カナダの大手総合メディア通信会社、ロジャーズ・コミュニケーションズや、アラブ首長国連邦（UAE）の大手通信会社、エミレーツ・テレコミュニケーションズなどが採用を始めた。

クラウド市場制覇が跳躍台に

アマゾン、グーグル、マイクロソフトがこうしたエッジコンピューティングサービスで通信市場に参入してきたのに対し、提携先の通信事業者が自社のネットワークをあえて「開放」したのはなぜなのか。最大の理由はクラウドサービスとの親和性の高さにある。

例えばアマゾンの「ＡＷＳウエーブレングス」なら、アプリケーションの開発者がすでに馴染んでいるＡＷＳのＡＰＩ（アプリケーション・プログラミング・インターフェース＝接続プロトコル）やツールを使用でき、短時間で容易に超低遅延のアプリケーションを開発することが可能となる。

クラウドとＭＥＣがそれぞれ別々の会社のサービスとなるより、同じ会社でまとめた方が開発者の負担ははるかに軽くなる。こうしたメリットをＡＷＳや提携先の通信事業者は積極的にアピールしており、米ＩＴ大手の「ＧＡＦＡ」などが築いてきたクラウドサービスの優位性がそのままＭＥＣの強みにもつながるというわけだ。

アマゾン、グーグル、マイクロソフトといった米ＩＴ大手はＭＥＣを「入口」とし、日本をはじめ世界の通信事業者のお膝元を侵食しつつある。ＡＷＳジャパン技術統括本部長の岡嵜禎は「必ずしもＫＤＤＩだけに日本のパートナーを限っているわけではない」と語り、ライバルの通信事業者とも交渉を持つことを否定していない。

ＧＡＦＡやマイクロソフトによる通信事業者を巻き込んだ「仲間作り」は世界で繰り広げられており、クラウドに続く５ＧやＭＥＣの分野でも米ＩＴ大手が世界の情報通信市場を牛耳ってしまう可能性は否定できない。

独自のエッジ技術開発に着手したＮＴＴグループ

国内では「ＭＥＣの技術で米ＩＴ大手と提携すれば日本の通信事業者も彼らの軍門に下ってしまう」といった危機感が広まっているが、一方で「そもそも外国勢の攻勢を許したのは日本の通信事業者の技術力が低下したから」という厳しい指摘もある。通信機器メーカー任せの開発体制がＭＥＣの開発でも繰り返されているという。

こうした状況に待ったをかけようと立ち上がったのがＮＴＴグループだ。次世代の光情報通信基盤「ＩＯＷＮ」で世界市場での主導権を奪い返そうと考えているＮＴＴとしては、米ＩＴ大手によるＮＴＴドコモの通信網の取り込みだけは絶対に許すわけにはいかない。ドコモは自前でＭＥＣサービスを開発することを決断し、20年3月から「ドコモオープンイノベーションクラウド」の提供を開始した。

ドコモオープンイノベーションクラウドは5Gの無線通信の部分だけでなく、その間をつなぐ固定回線の部分も自前の光ファイバー網でつなぎ、無線から固定まですべてをＮＴＴグループの回線で完結させ、高いセキュリティと超低遅延な接続環境を実現しようとしている。

図表6-1　新ドコモグループとKDDI、ソフトバンクの法人事業売上高比較（2021年3月期）

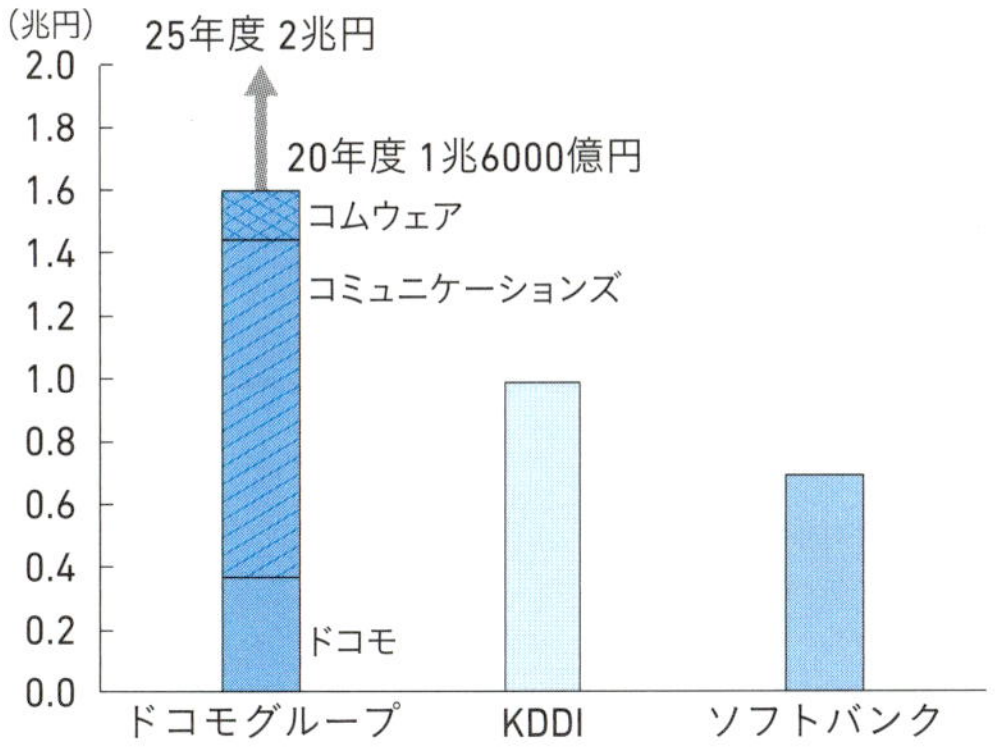

出所：MM総研作成

ＮＴＴ社長の澤田純がドコモの傘下にＮＴＴコミュニケーションズやコムウェアを収め、「ドコモ・コム・コム（ＤＣＣ）連合」の構築を断行したのは、ドコモだけでなく、コミュニケーションズやＮＴＴデータなどグループ各社の力を結集しなければ米ＩＴ大手の攻勢には抗えないと考えたからだ。

ＮＴＴグループは果たして米ＩＴ大手の攻勢からドコモの通信網を本当に守り切れるのか。その戦いは５Ｇの普及が急速に進むこの数年間で正念場を迎える。戦いの成否はドコモが打ち出した「ドコモオープンイノベーションクラウド」をＮＴＴグループ全体で支えられるかどうかにかかっているといえる。

宇宙を舞台とした通信インフラでも米IT大手と攻防

「GAFA」など米IT大手は宇宙を舞台とした通信インフラの分野にも触手を伸ばしている。中でも注目度が高いのが、アマゾンが計画している衛星ブロードバンドインターネットサービス「Project Kuiper（プロジェクト・カイパー）」だ。

アマゾンが2019年4月に公表したこの計画は上空およそ600キロメートルを周回する低軌道衛星を何基も打ち上げ、インターネットが使えない地域を含めた世界全域にブロードバンドインターネットを提供するという壮大なプロジェクトだ。

20年7月には米国の通信行政をつかさどる米連邦通信委員会（FCC）がアマゾンに対し3236基の通信衛星の打ち上げ計画を承認。アマゾンも9カ月後の21年4月には衛星を打ち上げるためのロケットを確保したことを明らかにしている。

さらに同様な計画を進めようとしていたフェイスブックの衛星事業を買収し、計画は着実に進行している。アマゾンの計画では2026年までに約3000基の衛星の半分を打ち上げ、29年にはすべての衛星の打ち上げを終える予定だ。このプロジェクトにアマゾンは総額で100億ドル、日本円で1兆円以上を投じると発表している。

米テスラの姉妹会社も宇宙通信市場に参入

衛星インターネットサービス事業にはアマゾン以外にも多くの企業が参入しようとしているが、実は最も先行しているのは米電気自動車大手、テスラの姉妹会社ともいえる米宇宙開発ベンチャー企業のスペースXだ。テスラCEOのイーロン・マスクが立ち上げたもうひとつの有力企業である。

スペースXは民間企業として初めて有人宇宙飛行を成功させ、米航空宇宙局（NASA）とも提携し、国際宇宙ステーション（ISS）に様々な物資を20回以上も運んでいる。使用済みロケットを回収し再利用することでロケットの打ち上げコストを劇的に引き下げたのが成功した理由で、今ではNASA自体もスペースXの打ち上げ能力に相当程度依存している。

そのスペースXが2014年から開発を進めてきたのが衛星インターネット接続サービスの「スターリンク」だ。同社の打ち上げ能力を活用して低軌道上に約1万2000基の通信衛星を打ち上げ、地上の情報端末とつないでいく計画だ。

スペースXのCEOを兼務しているイーロン・マスクは、21年6月にスペインのバルセロナで開かれた世界最大のモバイル技術見本市「モバイル・ワールド・コングレス（MWC）」にオンラインで初めて登壇し、「できれば21年8月には世界全域で高速ブロードバンドサー

MWCの講演でスターリンクについて話すスペースXのイーロン・マスクCEO（MWC講演より）

ビスを開始したい」と語った。

スターリンクはすでに1800基を超す低軌道衛星を打ち上げており、21年9月には世界で10万人以上の人がベータ版サービスを利用し始めた。マスクによれば、スターリンクの総投資額は200億ドルから300億ドル、日本円にして2兆2000億円から3兆3000億円の規模になるという。

日本でもKDDIがスペースXと提携し、2022年度から基地局のバックホール（中継）回線としてスターリンクを利用する契約を結んだ。KDDIはエッジコンピューティングだけでなく宇宙通信の分野でも、自前で技術やインフラに投資するより、海外など外部の有力企業との協業で進めていく考えだ。

NTTは独自に宇宙通信サービスに挑む

宇宙通信分野におけるこうした米IT大手の攻勢に対

し、ＮＴＴグループは前述した通り、日本の衛星通信放送会社であるスカパーＪＳＡＴホールディングスと組んで「宇宙データセンター」構想で対抗する構えだ。

アマゾンやスペースＸが進める計画は衛星を使ったインターネット接続サービスに焦点を当てているが、ＮＴＴとスカパーＪＳＡＴの計画は、地上との衛星通信だけでなく、人工衛星を使って宇宙空間に情報処理ができるデータセンターを設け、宇宙そのものを新たな情報通信市場にしようとしている点で独自性がある。

ＮＴＴやスカパーＪＳＡＴの計画が成功すれば、ＧＡＦＡに対抗できる新しい衛星通信インフラサービスを展開できるようになるだろう。長年にわたり通信技術を開発してきた通信事業者のメンツにかけ、ぜひとも実現しようとしている。

だが、もちろん懸念すべき点もある。現時点で明らかになっているだけでも投資額の規模があまりにも違い過ぎることだ。

アマゾンやスペースＸが打ち上げる衛星の数は３０００基から1万２０００基で、投資額は日本円にして1兆円から3兆円にも上る。それに対しＮＴＴやスカパーＪＳＡＴが「宇宙データセンター」計画にかける投資額は「数百億円程度」だ。

この数字は21年5月にＮＴＴがスカパーＪＳＡＴと提携した際の記者会見でＮＴＴ持株会社社長の澤田純が口にした金額だが、これはアマゾンやスペースＸの投資額の10分の1にも満たない。もちろん投資額がすべてではないが、金額の差は宇宙を舞台にした将来の通信サービス市場で決定的なスケールの違いとなって跳ね返ってくるとも考えられよう。

こうした懸念に対し澤田は単なる金額ではなく「効率的な運用で対応していく」と語るが、本気で宇宙ビジネスを獲りにいくのであれば、同等の金額とはいかなくても投資額をもっと増やしていくことを検討すべきだろう。

グーグルとフェイスブックは「海底」に注目

宇宙に注力するアマゾンやスペースXに対し、「海底」の方に目を向けているのがグーグルやフェイスブックである。

両社は21年8月、日本と台湾、グアム、フィリピン、インドネシア、シンガポールを結ぶ海底ケーブル「アプリコット」を共同で敷設すると発表した。延べ1万2000キロメートル、通信容量は毎秒190テラビットを見込んでいる。

グーグルとフェイスブックはこれ以外にも米西海岸とインドネシア、シンガポールを結ぶ海底ケーブル「エコー」の敷設も発表しており、いずれも24年までに稼働を開始しようとしている。

グーグルはすでに単独で米国とヨーロッパやアフリカ諸国を結ぶ私設の海底ケーブル3本

を運営しており、22年には4本目のケーブルを稼働する計画だ。

一方、フェイスブックは20年にアフリカ大陸をぐるりと一周する海底ケーブル「2アフリカ」の敷設を発表している。名称の最初にある数字の「2」は「アフリカにつなぐ」という意味で同じ英語の発音の「to（トゥー）」と掛け合わせている。

グーグルとフェイスブックはこれまで通信事業者が敷設した海底ケーブルを利用し、それに対し利用料を支払ってきたが、コンテンツ利用の爆発的な拡大とともに、最近は自前で海底ケーブルのインフラを整備し、コストの削減を進めようとしている。

「OTT（オーバー・ザ・トップ＝ネット上の情報サービス）」と呼ばれる米IT大手の通信トラフィックが通信事業者のネットワークから自前の海底ケーブル経由に移っていけば、通信事業者の収益への打撃は避けられない。

NTTなど通信事業者はGAFAなどのOTTプレーヤーがネットワークのいいところ取りをし、自らは単なる通信回線の提供者になり下がりつつある状況を指して、自らを「土管屋（通信回線の管路を提供する事業者）」と呼んだことがある。今やその土管さえも提供できなくなる可能性が出てきている。

NTTを含め各通信事業者がGAFAに頼らないネットサービス事業や法人向けのデジタルトランスフォーメーション（DX）事業の育成に力を注いでいるのは、こうした危機感の表れだともいえよう。

　澤田は「コンテンツの分野ではＧＡＦＡに主導権を奪われたのは事実だが、ネットワークのレイヤーでエネルギー消費効率の高いＩＯＷＮを実現できれば、ＧＡＦＡにもそのインフラを提供していける」と語り、インフラの分野でＮＴＴが主導権を発揮できる状況を作り出そうとしている。

第２章

世界規模で広がる「ＧＡＦＡ包囲網」

　クラウドやスマートフォンの分野でＧＡＦＡが世界市場を席捲した結果、その市場支配力に規制をかけようという動きが世界中で広がっている。

　最初にその行動に出たのが欧州連合（ＥＵ）だ。日本政府もこうした動きに同調し、「ＧＡＦＡ包囲網」が形成されつつある。特に問題とされ、規制の柱となるのが個人情報保護、独占禁止法、デジタル課税の３つの分野だ。

　欧州や日本の動きに対し、ＧＡＦＡのお膝元である米国でも、もはや規制を強化するのはやむなしとの国民世論が大勢を占めている。GAFAの台頭は世界の情報通信市場の勢力図を一変させたが、その行き過ぎに対し「イノベーションの芽を摘む壁となりかねない」（EU）といった厳しい意見も聞かれる。

EUがアマゾン、グーグルに対し巨額の罰金

2021年7月、EUは自らが定めた欧州の個人情報保護ルール「GDPR（ゼネラル・データ・プロテクション・レギュレーション＝一般データ保護規則）」に米国のアマゾン・ドットコムが違反したとして、7億4600万ユーロ（約970億円）の罰金を科した。

このニュースは世界を駆け巡り、大きな衝撃を与えた。GDPRの罰金としては過去最高額であり、19年にEUがグーグルに課した5000万ユーロ（約62億円）の罰金をはるかに超えるものだったからだ。

これに対しアマゾンは「事実に反する」として真っ向から争う構えを見せている。欧州で事業を営む日本企業の幹部も「これまでの事例に比べ罰金額が大き過ぎるが、アマゾンには今後も厳しい監視の目が向けられるだろう」という。

その2カ月後、今度はフェイスブックが新たな標的となった。21年9月にアイルランドの個人情報保護当局がフェイスブック傘下のメッセージサービス「WhatsApp（ワッツ

アップ）」に対し、総額2億2500万ユーロ（約290億円）の制裁金を科すと発表した。同社が取得した個人情報の取り扱いについて、GDPRに定める十分な情報開示を利用者に行わなかったことが理由とされた。

EU各国は自国の個人情報保護法に基づく制裁措置にも積極的だ。20年12月にはフランスの個人情報保護機関がグーグルに対し1億ユーロ（約130億円）の罰金を科し、アマゾンにも3500万ユーロ（約45億円）を科した。

2018年5月にEUが施行したGDPRの大きな特徴は法律の域外適用と高額な制裁金の仕組みにある。たとえサービスがEU域外からの提供であっても、EU域内で個人データを収集している場合は外国企業であっても法律が適用される。

EU域外への個人データの移転も原則禁止で、欧州委員会（EC）が移転先として「安全」と認めた国以外には個人データの移転は認められない。

21年6月末時点で欧州委員会が「安全」と認可している国と地域は、英国、スイス、デンマーク、カナダ、ニュージーランド、アルゼンチン、ウルグアイ、イスラエル、日本などわずか13カ国・地域しかない。

こうしたGDPRの規定はEU域内で収集した個人情報を米国で分析し、ターゲティング広告などに活用しているGAFAのビジネスモデルにも大きく影響する。

フェイスブックにもアイルランド規制当局が仮命令

アイルランドの規制当局は20年9月にもフェイスブックに対しＥＵ域外へのデータ移管を禁じる仮命令を出した。フェイスブックはこれに対し異議を申し立て、アイルランド高等裁判所は翌年5月、その申し立てを棄却した。フェイスブックはこの決定を受け入れると、ＥＵ域内で集めた個人情報の大半を削除するか、ＥＵ域内でのサービスを中断するなど、ビジネスモデルの大幅な見直しを迫られる。

ＧＤＰＲでは個人データの取得から利用、保存、廃棄に至るまですべてのプロセスについてデータをどのように処理したのか明確に記録・保存しなければならない。こうした情報の適正管理義務に加え、データの保護責任者を設置し、データ漏洩などが発生した場合は72時間以内に監査当局へ通知することを義務付けている。

規定に違反した場合、企業は最大で世界全体の売上高の４％もしくは２０００万ユーロ（約25億円）という巨額の罰金が科される。制裁はＧＡＦＡのような巨大ＩＴ企業だけでなく、行政機関や中小企業などにも適用されるが、グローバルに事業展開するＧＡＦＡの場合は制裁金の規模がケタ違いに大きくなる。

年間売上高が日本円で20兆円以上もあるグーグルなどから見れば、仮に罰金が１０００億円だとしても、それほど大きな額ではない。しかし何も対策を講じなければ継続的に罰金が科され、雪だるま式に膨れ上がりかねない。

そのためGAFAもEU各国の規制当局とはなるべく軋轢を避けようと、欧州のスタンダードに沿った個人データの取得や管理に取り組み始めている。

EUは反競争行為防ぐ「予防法」を整備

GDPRはGAFAなどに対し個人データの不透明な利用や管理を是正するよう求めているが、問題が発覚した後に制裁金を科すという事後的な対応に回っている。

そこで欧州委員会は20年12月、GDPRに続く新たな規制策として「デジタルマーケット法（Digital Markets Act）」と「デジタルサービス法（Digital Service Act）」という2つの新しい法案を制定した。

この2つの法案は「デジタルサービス法パッケージ」と呼ばれ、欧州議会やEU閣僚理事会で法案審議が行われている。法案の成立と発効は2023年頃になるとみられるが、EU各国は積極的にこの法案を支持している。

GDPRが個人情報保護の観点からGAFAに規制をかけているのに対し、新しい2つの法案は公正な競争環境の確保と利用者保護を目的として「EUが定める市場ルールの中にGAFAを封じ込めようとしている」と専門家はみる。実施にあたってはEU各国での法制化は必ずしも必要なく、ＧＤＰＲと同様、新ルールは直接、加盟国に適用される。

年間売上高の10％にあたる罰金科すデジタルマーケット法

デジタルマーケット法は公正な競争環境の確保を目的とし、プレーヤー間の反競争的な行為に対し厳しい罰則を科す予定だ。規制対象となるのはＥＵ域内の月間平均利用者が４５００万人以上（ＥＵの全人口の10％に相当）で、年間のビジネスユーザーが１万社以上という基準に合致する事業者だ。

まさにＧＡＦＡなど強大なプラットフォーマーを標的としており、違反した場合、全世界の年間売上高の最大10％に相当する罰金が科される可能性がある。

再び違反行為が見られるなど悪質な場合は、当該事業の分割や売却を命じることができるなど、法案の実効性を強力に担保する措置が盛り込まれている。

もう一方のデジタルサービス法はプラットフォーマーに対し、違法なコンテンツやフェイクニュース、海賊版販売などの違法行為の排除を義務付けている。ユーザーの検索結果などに応じて表示するターゲティング広告についても、どのようにデータを活用したのかアルゴリズムの開示を求めている。

規制対象となるのはデジタルマーケット法と同様、月間平均４５００万以上の利用者を有するGAFAなどの巨大プラットフォーマーだ。違反した場合は全世界の年間売上高の最大6%に相当する罰金を科すことを計画している。

EUのデータ主権奪回へ独自のインフラを構築

GAFAが世界のデジタル市場を席捲する中、EUでは2015年頃から域内のデジタル市場を統合して米国に打ち勝とうという動きを進めてきた。いわゆる「デジタルシングルマーケット（欧州デジタル単一市場）戦略」と呼ばれるものだ。

米国のIT企業は人口約3億3000万人を抱える米国市場をホームグラウンドとして成長し、世界市場に勢力を拡大してきた。一方、27カ国が集まるEUの場合は国ごとに異なる規制がまだ残っており、放送や通信などの市場ではそれが足かせとなってベンチャー企業などの成長を阻んできた。

EU各国がデジタル分野の規制や政策を統一し、EU全体で約4億5000万人となる市場を欧州企業がひとつの市場のように扱えるようになれば、デジタル分野でも米国勢に負けないビジネスができるようになるとして、欧州委員会を中心に欧州デジタル単一市場戦略を進めてきた。GAFAに限らず、中国の新興IT企業群の「BATH（バイドゥ、アリババ、テンセント、ファーウェイ）」などにも対抗しようという作戦だ。

20年2月にEUが公表した「Shaping Europe's digital future（欧州デジタル未来戦略）」では、2030年までの10年を新たなデジタルの時代と位置づけ、欧州の企業や人々のデジタル技能や競争力を高めようとしている。

そうした中、EU域内で得たデータをビジネスの種にしているGAFAの存在は、EUのデジタル市場戦略の大きな障壁となっている。GDPRや新たに制定する2つの法案は、そうしたGAFAを単に欧州市場から締め出すのではなく、EU域内の人々のデータ主権を取り戻すことを狙いとしている。

またGAFAやBATHに対抗するには、彼らに対抗できるデータプラットフォームを欧州域内に構築することも重要だ。その新しい動きとして注目されているのが欧州独自のクラウド基盤の確立を目指す「GAIA－X（ガイアエックス）」構想だ。

欧州のデータ主権を確立し、EUの同意なくデータが域外に出ないよう保証するとともに、データ活

「デジタルシングルマーケット」戦略について語る欧州委員会（EC）デジタル戦略担当のエッティンガー委員（2015年9月、ベルリンの家電見本市「IFA」で）

用に関する共通ルールを策定する。既存のクラウドとの連携も含め、EU市場を一体としたデータの共有や利活用を促すクラウド基盤を整備し、欧州企業のデジタル活用を支援するというプロジェクトだ。ドイツ、フランスが主導し、21年10月末時点で参加企業や団体の数は350社以上に達している。

反トラスト法改正など米国内でも高まるGAFA規制論

GAFAを標的とした欧州の規制に対し、米国の政府や経済団体からは懸念と抗議の声が上がっているが、一方で米国内でもGAFAを規制する動きが出ている。

転換点のひとつがフェイスブックによる約8700万人の個人情報流出事件だ。個人情報の管理体制の不備に加え、フェイクニュースの蔓延を放置していたとして批判が高まった。緊急謝罪したCEOのマーク・ザッカーバーグは「我々が負うべき責任について幅広く目配りできていなかった。私の過ちだ」と述べ、謝罪した。

これを受け、日本の独占禁止法にあたる「反トラスト法」を所管する司法省と米連邦取引委員会（FTC）もGAFAに対する調査を開始。国民感情の変化を感じ取った米連邦議会も党派を超えてGAFAに対する規制強化を検討し始めた。

デジタル分野における市場支配力を背景としたデータの独占が個人のプライバシーを危険

にさらしているだけでなく、スタートアップ企業のイノベーションや市場への参入を阻害しているという理由だ。ＧＡＦＡは収集したデータを独占的に利用して莫大な利益を得ているだけでなく、その利益を将来脅威となりそうなスタートアップの買収にも利用しているといった声が高まった。

司法省やＦＴＣなど司法当局も当初はＧＡＦＡのビジネスに寛容だったが、独占を背景に得た資金でライバル企業を買収し、さらにイノベーションを阻害しているとなれば、大きな構造的問題であり、消費者の利益にも反すると判断を変えた。

20年7月、下院の司法委員会が司法当局による反トラスト法の調査に関する公聴会を開催した。タイトルは「オンラインプラットフォームと市場支配力：アマゾン・アップル・フェイスブック及びグーグルの支配力を検証する」というものだった。

公聴会にはアマゾンの当時ＣＥＯだったジェフ・ベゾスやアップルＣＥＯのティム・クック、グーグルＣＥＯのサンダー・ピチャイ、それにフェイスブックＣＥＯのマーク・ザッカーバーグが一堂に召喚され議会で証言するという「歴史的な公聴会」となった。

司法省と国内11州の司法長官は20年10月、反トラスト法違反でグーグルを提訴した。米政府による大手ＩＴ企業への反トラスト訴訟は１９９８年のマイクロソフトに対する訴訟以来、実に22年ぶりとなる。米司法省幹部は「完全に潮目が変わった。ＧＡＦＡに対する規制強化の流れは決定的となった」と語っている。

前大統領のドナルド・トランプと現大統領のジョー・バイデンが戦った米国大統領選が激しさを増し、デマや根拠のない情報が大量に飛び交っていた時で、フェイクニュースの氾濫を許したフェイスブックの管理の甘さなどが米国民の大手ＩＴ企業に対する不信感を一層高めることになった。

米大手ＩＴ企業規制に動いたバイデン政権

こうした中で誕生したバイデン政権はＧＡＦＡに対する規制強化の姿勢を鮮明に打ち出している。ＦＴＣの委員長にはＧＡＦＡ規制を擁護する論文で注目された米コロンビア大学准教授のリナ・カーンを指名した。カーンは20年10月にＧＡＦＡを対象とした下院の反トラスト法調査の報告書のとりまとめも担っている。

米下院の司法委員会は21年6月、ＧＡＦＡに対する規制を強化する6本の反トラスト法改正案を可決した。とりわけＧＡＦＡへの影響が大きいとされるのが自らのプラットフォーム上で自社の商品やアプリの提供を禁じた点と、自社製品やサービスを優遇することを禁じた点だ。

米上院でも21年10月、反トラスト法の改正案が超党派の議員団より提出された。内容は

ＧＡＦＡなどプラットフォーマーが検索結果などを利用して自社製品やサービスを優先的に表示したり、他の出店企業に対し自社が有利になるようにしたりする行為を禁じている。

今後、審議が本格化する中で、下院で可決された法案よりも厳しい内容となる可能性もあり、上下両院で採決されるとの見通しもある。こうした議会の動きをバイデン政権は支持しており、ＧＡＦＡへの逆風はさらに増している。

ＧＡＦＡに対するデジタル課税で歴史的な合意成立

「この合意により世界的なＧＡＦＡ包囲網が形成できた。だが本当の闘いはこの合意を実効的なものにしていくことだ」

世界経済の進展を担う国際機関、経済協力開発機構（ＯＥＣＤ）でも21年10月、ネット販売などについて、物理的な店舗がなくてもサービスの利用者がいればその国による課税を認めるというデジタル課税を導入することで最終合意した。

ＯＥＣＤ加盟国を含む１３６カ国・地域が合意したもので、ＧＡＦＡなどの巨大ＩＴ企業が対象となる。デジタル時代の課税の在り方を方向づける「歴史的な合意」だと議論に携わったＯＥＣＤ関係者は話す。

対象となるのは売上高が約２００億ユーロ（約２・６兆円）を超す多国籍企業のうち利益

率が10%を超える企業だ。まさにGAFAを狙い撃ちしたもので、アマゾンのように全社の利益率が10%に達しなくても、単一事業で売上高・利益率の条件を満たせば課税の対象となる。

今回の合意を受け、各国・地域は22年前半に国際条約に署名し、22年中に各国内での承認手続きを経て、23年には発効する見通しだ。

デジタル課税は本社や支社、工場などの物理的な拠点がなくても、サービスの利用者がいれば企業に課税できる制度。100年前に成立した物理的拠点の存在を前提とした国際課税の原則を大きく変えるものだ。

様々な情報サービスをクラウド経由で提供する大手IT企業は現地に物理的な拠点を持たず、その国の法制度などに縛られることなく莫大な利益を享受している。そうした行為に税金逃れとの批判が高まっていたことから、新たな課税制度を導入しようとした。

デジタル課税を提案したEUに対し、トランプ米前政権は米国のグローバル企業に対する外国からの課税は米国の税収減につながることから強く反対していたが、バイデン政権の誕生でその風向きは大きく変わった。米政府はグローバル企業に対する法人税の引き下げ競争に歯止めをかけたいと考えており、デジタル課税の導入とセットで最低法人税率を設ける方向で、両者の利害が一致したともいえる。

個人データの所有権でＧＡＦＡと一線を画すＮＴＴグループ

消費者や企業から集めたデータをもとに新たな情報サービスを構築しているＧＡＦＡに対し、個人情報に対する異なるアプローチで世界にビジネス展開しようと考えているのがＮＴＴグループだ。

その基本的なコンセプトの違いがよく表れているのが、グーグルがカナダのトロント市で進めているスマートシティ計画と、ＮＴＴグループが米国のラスベガス市で展開しているスマートシティのプロジェクトだ。

一番の違いはデータの所有権に対する考え方だ。グーグルは市民のデータを取得する代わりに様々な支援サービスを行ったのに対し、ＮＴＴは「データは市民や自治体のもの」として所有しないことにした。

トロントのスマートシティを担当したのはグーグルの持株会社、アルファベット傘下のサイドウォーク・ラボで、木造の高層ビル群や自律走行車のための道路整備など新たな未来都市の構築を担った。その核となるのが街中に設置したセンサーで住民のあらゆる行動を記録し、匿名化して管理するというものだ。

トロント市はサイドウォークにデータの管理権を与える代わりにスマートシティの整備に必要な資金をグーグルに提供してもらおうと考えた。市民からすれば、自分のデータがグーグルに管理されることになる。結局、市民団体などから反対活動の声が上がり、グーグルはプロジェクトから撤退することになった。

一方、NTTグループは初めからデータの所有権を放棄したため、ラスベガス市が自らデータを管理できるようになったことから、NTTをプロジェクトの運営責任者に選んだ。NTTが選ばれた理由について社長の澤田も「自分たちでデータを管理したいというラスベガス市側の要望を受け入れたからだ」と語る。

ラスベガス市のスマートシティプロジェクトでは、NTTグループがクラウドやネットワークを基盤として提供し、その上に様々なソリューションを構築、設定から管理、運用までNTTが一元的に請け負うことにしている。

街中に設置した様々なセンサーからはラスベガス市内の人々の行動や交通情報などを取得、それを解析することで渋滞や犯罪などをいち早く検知し、初期対応への時間短縮などにつなげている。収集したデータをラスベガス市が活用し、新たな価値創造につなげられるようNTTが支援したことは市民からも評価された。

こうしたトロント市とラスベガス市の2つの事例は、スマートシティを構築する際のデータ基盤を誰がどう作るのかについて、市民との合意が必要だということを再認識させた。

NTTグループとしてはラスベガス市での経験を次の新しい光情報通信基盤「IOWN」の

推進にも役立てようとしている。

第3章

情報通信市場を揺るがす米中対立

「国家は技術によってヘゲモニー（覇権）を勝ち取り、技術によって失う」。慶應義塾大学名誉教授で国際政治学者の薬師寺泰蔵は、著書『テクノヘゲモニー』で、軍事、経済に続き、国際関係を紐解く第3の視点として「技術」が果たす重要性を指摘した。

現在の米中対立を政治だけでなく、テクノヘゲモニーをめぐる戦いだととらえれば、最も象徴的な存在として浮かび上がってくるのが中国の大手通信機器メーカー、華為技術（ファーウェイ）に対する米国の対応だ。米政府はファーウェイ以外にも脅威となる中国のハイテク企業を名指しし、米政府のシステム調達などから排除しようとしている。

中国の産業振興策「中国製造2025」で技術覇権狙う

米トランプ前政権では国際協調よりも国益を最優先する「アメリカファースト」の路線が

取られた。一方、中国では習近平国家主席の意向により政治主導で経済成長を促す戦略が進められている。アジアから欧州、アフリカまでをつなぐ巨大経済圏構想「一帯一路」はその象徴だ。

中国は２０１０年に国内総生産（ＧＤＰ）で世界第2位だった日本を追い抜き、２０３０年には米国をも追い越そうとしている。17年の共産党大会で習主席は「中国の夢」を掲げ、建国１００年にあたる２０４９年には「社会主義現代化強国」として「総合的な国力と影響力で国際社会を主導する国家」になると宣言した。

この宣言に象徴されるように中国は安全保障面でも海軍を中心に軍備の増強を進め、海洋権益の実効支配や台湾の武力統一などを辞さない構えだ。香港では２０２０年6月に国家安全維持法により自治を制限し、「一国二制度」を事実上崩壊させた。

技術面でも世界の覇権を目指すと宣言したのが15年5月に公表したハイテク産業振興策「中国製造２０２５」だ。半導体やその製造装置などを筆頭に10の重点技術分野と23の品目を定め、政府が巨額の補助金を支援する方針を打ち出した。

17年7月に発表した次の「ＡＩ産業の長期発展計画」では、ＡＩが国際競争の新たな主戦場になると位置づけ、「２０３０年までに世界最先端のＡＩ国家になることを目指す」と宣言している。

17年11月には政府の中国科学技術部が「AIプラットフォーム発展計画」を公表し、その要となるAI領域の開発担当企業に、自動運転分野では百度（バイドゥ）、医療技術分野では騰訊控股（テンセント）、スマートシティ分野では阿里巴巴（アリババ）集団、音声認識の分野では科大訊飛（アイフライテック）を指名した。

こうした国家主導によるAI投資の拡大により中国では様々な新興AI企業が続々と誕生した。特に交通安全や治安維持に利用される監視カメラシステムや顔認証AIの分野では世界トップクラスの技術を誇る企業が生まれている。2020年の全国人民代表大会では5G、IoT、AI、クラウドなどハイテク分野に2025年までの6年間で1兆4000億ドル（約150兆円）を投資する計画を承認した。

中国の動きに対し、当初は両国の貿易不均衡問題を指摘していた米政府も、政治・安全保障上の脅威として「中国製造2025」を掲げるようになり、軍民融合体制で技術覇権を狙う中国への警戒心を強めた。

米国の国内世論でも中国からのサイバー攻撃や新疆ウイグル自治区への人権侵害、香港の自治に対する侵害行為などに対し反発が高まり、米政府は中国のハイテク企業を対象とした数々の制裁措置を打ち出すようになる。中でも最大の標的とされたのがファーウェイだ。

欧州向けの5G商用化で先行するファーウェイ

１９８７年に中国・広東省の深圳で誕生したファーウェイは交換機の代理販売から事業を興し、現在は通信事業者向けのネットワーク、法人向けのＩＣＴソリューション、消費者向けの携帯端末を柱に世界１７０カ国で事業を展開している。２０２０年12月期の売上高は日本円にして14兆円以上にも上り、２０１０年から11年間で約４・８倍に急成長している。

事業別ではネットワーク事業が売上高の34％を占めている。人民解放軍出身の創業者、任正非の強力なリーダーシップのもと、中国の改革開放政策やＩＣＴ産業の発展の波に乗り、スウェーデンのエリクソンやフィンランドのノキアと並び称される世界の有力通信機器メーカーへと躍り出た。

国内で培った技術や経験をもとに海外市場にも進出し、中国との関係が密接な東欧やアフリカ、中南米諸国を開拓。製品価格の競争力に加え、中国政府による現地の通信事業者への低利融資などもファーウェイ製品の導入拡大につながり、世界で５００社を超す通信事業者に機器とサービスを提供している。

世界の通信事業者との５Ｇ商用化契約でも20年2月末時点で91件に達し、ライバルであるエリクソンの81件、ノキアの66件を上回っている。91件のうち、欧州が47件を占めており、その中には英国のＢＴ（ブリティッシュテレコム）グループやドイツテレコムなどの大手通信事業者も含まれている。

特に最近、ファーウェイの急成長を牽引してきたのがスマートフォン事業で、市場参入したばかりの2010年の出荷台数は約300万台だったが、15年には1億台を突破、2020年には約1億9000万台に拡大し、韓国のサムスン電子や米アップルに次ぐ世界第3位のスマートフォンメーカーとなった。

モバイル通信の領域では5Gなどの新しい通信技術の開発に取り組む一方、技術のコアとなる特許の取得にも力を入れている。製品のライフサイクルの短期化や製品あたりの特許件数の増加により特許をすべて獲得することは難しいが、中核特許を押さえられれば、他社へのライセンス供与や特許紛争などで有利な立場に立てる。

20年11月時点の5G関連の必須特許の保有件数は、首位がサムスン電子の13・4%、2位が米半導体大手、クアルコムの12・1%、3位がNTTドコモの11・4%、4位がファーウェイの9・4%と、

5G市場で世界をリードするファーウェイの中国本社（深圳市）

研究開発でも5G市場をリードしている。

5Gの標準規格づくりを担う国際組織「3GPP（国際標準化プロジェクト）」の議論にも積極的に参加し、世界各国の大手通信業者との間で様々な共同研究を行っている。

中国ハイテク5社を米国防権限法で排除

米国でファーウェイの存在が大きくクローズアップされたのが2012年10月、下院の情報特別委員会が公表した報告書だ。内容はファーウェイに加え、同じ中国の大手通信機器メーカー、中興通訊（ZTE）の装置を米政府の通信システムから排除することを求めるものだった。

中国政府と関係が近いとされるファーウェイ、ZTEからの装置の調達は「安全保障上の深刻な脅威になる」とし、「中国政府は悪意ある目的のために（2社を）利用する動機も機会もある」とまで書き込んでいる。

この報告書はファーウェイの元従業員などからの情報をもとにまとめられた。同委員会がファーウェイとZTEに求めた中国政府との関係やイラン制裁への違反行為疑惑に関する説明が不十分だったこともそうした結論を招く要因となった。

2016年にファーウェイがイラン、シリア、北朝鮮などへの輸出規制に違反しているとの疑惑が浮上し、米商務省がファーウェイに召喚状を送り、米国の技術輸出などに関する情報をすべて提出するよう求めた。米国防総省も2018年4月、全世界にある米軍基地の店舗でのファーウェイとZTE製の携帯電話の販売を禁止。盗聴されるリスクを理由に中国製品の締め出しに動き出した。

ファーウェイなど中国製品に対する排除の動きは18年8月、「2019年国防権限法」の成立へとつながる。同法は連邦政府の通信機器関連の調達から、ファーウェイやZTEに加え、無線機器メーカーのハイテラ、監視カメラメーカーのハイクビジョンとダーファといった中国ハイテク企業5社を禁じると定めた。

さらに中国企業の製品やサービスを利用している企業からの調達も禁止する広範囲な規制となり、中国企業だけでなく、米国企業や日本企業などにも規制が及ぶこととなった。中国脅威論が支配的となっていた米国議会の空気が反映された内容で、規制法案は超党派の支持により可決し、当時のトランプ大統領が署名し成立した。

半導体の輸出管理規制強化でファーウェイ狙い撃ち

米議会の動きに呼応し米商務省も19年5月から10月にかけて米国製品の輸出を禁止する企業や政府を列挙した「エンティティリスト」を更新。ファーウェイなどの国防権限法の対象

米政府の制裁措置について会見するファーウェイのケン・フー輪番会長（中央、2019年6月、MWC上海で）

企業や軍民融合企業、国家プロジェクト企業などをリストに加えた。

エンティティリストは米国の安全保障や技術覇権を脅かすハイテク企業を標的としている。特にファーウェイの場合は5月に同社及び関連会社68社をリストに掲げたのに加え、8月にも関連会社46社を追加掲載するなど規制を強化した。

ファーウェイにとって特に大きな打撃となったのが半導体調達を対象にした20年5月の輸出管理規制の強化だ。米国製の製造装置やソフトウエアを利用している半導体受託製造企業に対し、ファーウェイの設計した半導体の量産を禁じることにした。

ファーウェイは米通信半導体大手のクアルコムなどから高性能なチップセットを調達し、スマートフォンなどに搭載していた。米国の規制強化により調達が難しくなると、子会社が開発した独自の半導体を台湾の製造受託企業、台湾積体電路製造（ＴＳＭＣ）に委託しており、米商務省の輸出管理規制はこの抜け穴を塞ぐものだった。

ファーウェイ排除の動きが世界に拡大

米政府による国防権限法やエンティティリストなどの制裁措置はファーウェイの業績にも大きな影を落とした。2021年上半期の売上高は3204億元（約5兆1000億円）と前年同期に比べ約30％減収となり、一般消費者向けの端末の売上高はほぼ半減した。通信事業者向けのネットワーク事業も大きく落ち込んだ。

中国国内では新たにスタートした5Gのインフラ整備に伴う増収や、米国による制裁への反発や愛国心からファーウェイ製のスマートフォンを購入する動きにより、何とかプラス成長を維持できたが、それも限界を迎えつつある。

ファーウェイの通信機器については、米政府からの強い要請を受け、同盟国を中心に世界各国で排除の動きが広がっている。日本、オーストラリア、ニュージーランドなどに加え、ファーウェイへの依存度が高かったドイツなど欧州諸国でもファーウェイ製品の新規採用の禁止や既存インフラからの排除が始まった。

とりわけファーウェイ排除に積極的に動いたのが英国で、国内通信事業者に対しファーウェイ製品の新規購入を禁止するとともに、2027年までに5Gの設備調達から同社を完全に排除する方針を打ち出した。

英政府は「英国の5G網から高リスク事業者を完全に排除する」とし、違反した通信事業者には最大で売上高の10分の1か、1日10万ポンド（約1500万円）の罰金を科すことにした。さらに5G関連機器の調達先の多様化を図る目的で2億5000万ポンド（約380億円）を投じる計画も打ち出している。

大手通信機器メーカーのエリクソンの本社があるスウェーデンもファーウェイ製品の使用禁止と既存の基幹インフラからの排除を25年までに進める方針だ。他のEU諸国も5Gネットワークの安全性を確保するために政府の権限を強化している。明示はしてはいないが、ファーウェイを強く意識したものとなっている。

米中対立の激化で分断が進む世界の情報通信市場

米政府は世界の通信機器市場からファーウェイを締め出す一方で、NTTドコモなどが推す通信機器規格の開放策「Open RAN（オープンRAN）」の推進にも乗り出した。特定の機器メーカーに依存せず、多くのメーカーから機器を選び相互に接続できるようにする取り組みだ。

米国の通信ネットワークからファーウェイを排除するにあたり、その後釜となるメーカーを育成するのが目的で、世界市場での復権を狙う日本のNTTグループやNEC、富士通などもこうした米政府の動きに強い関心を寄せている。

ＮＥＣは21年6月に英ボーダフォンが英国に構築する世界最大級の商用オープンＲＡＮにサムスンとともに5Ｇ基地局を提供するメインパートナーに選定された。多国間連携の強化では米国の国防権限法に「多国間通信セキュリティ基金」の条項が盛り込まれ、信頼できる同盟国や協力国とともに産業振興・助成面で協力する一方、規制面でも共通化を図ることが規定されている。

中国企業への依存度を下げる取り組みで重要となるのがハイテク産業に不可欠な半導体やレアアースなどの供給網の構築強化だ。バイデン政権は21年2月に「米国のサプライチェーンに関する大統領令」に署名し、半導体やレアアース、電気自動車用を含む大容量電池、医薬品の重点4品目の供給網について課題を洗い出し、解決策を打ち出すことにした。

ファーウェイの業績低迷などを見る限り、中国企業に対する米政府の規制や制裁措置は現時点ではうまく機能している。次世代の通信市場からのファーウェイの排除とオープンＲＡＮの推進、国際的な半導体のサプライチェーンの構築など多国間連携を軸とした中国封じ込め策は今後も強化されていくに違いない。

一方で中国政府も国内ハイテク産業への巨額投資とともに中国企業に対する政府の関与を強化し、国家戦略として技術覇権の確立を目指していく。

世界の情報通信市場に「ドミノ倒し」の可能性も

こうした米中間の対立が常態化し、米中両政府による世界の情報通信市場の分断は今後一層進むことが想定される。オープンRANの推進も国際的な半導体供給の安定化も実現には一定の歳月を必要とする。

この間、中国政府は貿易や投資などを通じ東南アジア、アフリカ、中南米諸国などで政治的・経済的な影響力を拡大していくと考えられる。米政府の規制により中国ハイテク企業の欧米市場進出は封じ込められているが、中国による半導体の国産化やスマートフォンの基本ソフトの開発などが今後進んでいけば、中国製の技術がアジアやアフリカ、中東、中南米などに広がり、やがてドミノ倒しのように世界の情報通信市場を支配する可能性も否めない。

そうした中でNTTグループを含む日本の情報通信産業が世界市場でどのような戦略を展開するかは文字通り、日本の国際競争力を大きく左右する。5Gに続く「Beyond（ビヨンド）5G」や「6G」の技術はまさにその主戦場といえる。

第4章

6G・IOWNで実現する新サービス

日米両政府は2021年4月、日米首脳会談の共同文書で次世代通信規格「6G」の研究開発に両国合わせて約45億ドル（約4900億円）を投資すると発表した。

5Gの研究開発や実装では日本は欧州や中国の通信機器メーカーに後れをとり、グローバルな情報通信市場でのプレゼンスが低下したが、6Gの研究開発は日米両国が協力し、安全でオープンなネットワークを推進しようという計画だ。

ほぼ10年ごとに世代交代を繰り返してきた無線通信の規格づくりはここへきて急速にテンポを速めている。東京オリンピック・パラリンピックを機に日本ではようやく5Gのサービスが広まり始めたところだが、世界の情報通信市場の関心は早くも次世代の「Beyond（ビヨンド）5G」や「6G」へと向かっている。

5G基地局が100万局を突破した中国

日本より半年近く早く2019年秋に5Gの本格サービスを開始した中国は、21年8月に

5Gの基地局の設置台数が100万局を超えた。5Gの加入者数も4億件に達している。法人向け5Gサービスの開発も活発で、新技術を活用したソリューションの導入事例はすでに1万件にも達する。

特に中国政府が重要産業と位置付けるエレクトロニクス、鉄鋼、鉱業分野などでソリューションの導入が進み、生産設備の遠隔操作、品質検査などの工程に使われている。高速大容量通信が特長の5Gを使った高精細画像の伝送や遠隔診療、コネクテッドカー、遠隔教育といった先進サービスも増えており、中国は官民一体となって5Gの社会実装を進めようとしている。

一方、日本の5G基地局の設置台数は21年度末にようやく10万局を超えるところだ。カバーエリアも限定的で、5Gを快適に使えるようになるまではもう少し時間がかかりそうだ。日本は「LTE」と呼ばれる第4世代の通信規格では「世界で最もつながりやすく快適に高速通信を使える」と高い評価を受けたが、5Gネットワークの構築では大きく後れをとった。先行する中国に追い付くには5G基地局の整備を急ぐとともに、法人向けのソリューション開発にも注力しなければならない。

携帯電話などの移動通信システムはこれまで10年ごとに新しい規格に移行してきた。LTE（4G）が導入された2010年代にはスマートフォンの利用が進み、ソーシャル・

ネットワーキング・サービス（SNS）や動画配信サービス、電子決済サービスなどが普及し、私たちの生活スタイルやコミュニケーション手段を一変させた。

20年3月から利用が始まった5Gは、高精細映像の「4K」や「8K」のカメラで撮影した動画像を携帯ネットワークで伝送できるようにした。また超低遅延という特長を生かし、建設機械や農業機械の遠隔操作や生産設備の遠隔監視、AIを活用した故障の検知といったIoT向けの様々なソリューションを提供できるようにした。

NTTドコモは300社と5Gのソリューションを開発

特に産業分野に力を入れるNTTドコモは、各業界の有力パートナー企業と協業し、5Gを使った新しいソリューションの開発に力を注いでいる。5Gに関する新しい協創案件のユースケース（利用事例）は300件を超え、うち35％を映像配信に関わるソリューションが占めている。スポーツイベントのライブ中継や設備の遠隔監視、教育や技術の伝承、リモート会議といった用途に使われている。

次いで多いのが拡張現実（AR）や仮想現実（VR）などの仮想体験に使われるXR系のソリューションで、28％を占めている。通信機器やアミューズメント事業などを手掛けるサン電子やグーグルが開発したスマートグラスを使い、遠隔地の作業スタッフを支援するソリユーションなどに利用している。

例えば農場にいる現場のスタッフがスマートグラスを装着し、農作業をしながら野菜の発育状況などを眼鏡の高精細カメラで撮影して送信、遠隔地にいる熟練スタッフが収穫方法をスマートグラスのモニターに表示して細かい作業を指示するという仕組みだ。経験が浅いスタッフでも効率よく作業ができるようになり、農業や製造業、建設業といった現場での作業を抱える企業に歓迎されている。

ほかにも自動車やロボット、建設機械、農業機械などの遠隔操作や、自律型の自動運転車の実用化に向けたソリューション開発にも利用されている。

ＮＴＴドコモの執行役員で5Ｇ・ＩｏＴビジネス部長を務める坪谷寿一は「スマートグラスをはじめ、ロボットやドローンなど、今後あらゆるデバイスがネットワークにつながり、ＩｏＴのソリューションや法人ビジネスが5Ｇの主戦場になる」と語る。産業分野のデジタルトランスフォーメーション（ＤＸ）を促す重要なツールになるというわけだ。

5G技術がコロナ禍のリモート社会をサポート

新型コロナウイルスの感染拡大から日本でもリモートワークが普及し、私たちの働き方は大きく変わった。高速大容量、超低遅延、同時多数接続といった特長を持つ5Ｇの導入は、様々なセンシング技術により、都市や施設の混雑状況をとらえ、人々に行動変容を促すとともに、リモートでのスポーツ観戦やエンターテインメントサービスなどを提供できるようにした。

少子高齢化や人口減少が進む日本では、不足する労働力の確保や医療・介護などの新しいサービス体制づくりなど、経済や社会活動を維持していくためのイノベーションが求められている。経済成長と社会課題の解決という、相反する目標を達成し、サステナブルな社会を実現するには、ICTの新しい技術を活用していくことが今まで以上に重要な課題となるだろう。

「4G」や「5G」という言葉は携帯電話ネットワークの「セルラーシステム（セルラー方式）」の世代からそう呼ばれるようになった。「セルラー」とは英語で「細胞」を意味し、それぞれ細胞となる地域ごとに基地局を配置することから、セルラー方式と名付けられた。「G」は「ジェネレーション（世代）」を表し、最初のアナログ方式の通信システムに対し、デジタル化された次のネットワークのことを「2G」、データ通信や海外ローミングにも対応したその次の方式が「3G」というわけだ。

「5G」は最初のアナログ式の無線通信から数えれば「第5世代」ということになるが、5Gは地域の状況に応じて、郊外の広範囲な場所をカバーする基地局と、都市部をカバーする小さな基地局を活用するなど、様々な無線方式を組み合わせて使うことに特徴がある。

使用する電波も「Ｓｕｂ６（サブシックス）」と呼ばれる6ギガヘルツ未満の周波数帯と大容量のデータ送信に適した「ミリ波」と呼ばれる高い周波数帯を使い分けている。

次世代の「6G」を支える「オールフォトニクス」技術

では5Gの次の通信技術として期待され、２０３０年にも導入される第6世代の「６Ｇ」技術とはいったいどんなものか。

６Ｇでは無線通信を支える固定系の中継ネットワークをすべて光伝送技術に置き換えるなど5Gの技術をさらに進化させ、宇宙通信などを活用してこれまで電波の届かなかった地域にもインターネットアクセスを可能にしようとしている。

光ファイバー網の構築で世界をリードしたＮＴＴグループとしては、6G時代の到来は「渡りに船」といえ、ＮＴＴが新たに世界に広めようとしている新しい光情報通信基盤「ＩＯＷＮ」の技術を6Gに盛り込みたい考えだ。

ＩＯＷＮはデータの伝送部分に相当する光ファイバー網だけでなく、情報処理まで光のまま処理しようとしている。従来のインターネットやクラウド技術は伝送部分のみ光技術を使っており、情報処理は従来通り電子を使っていた。通信と情報処理の間でデータを変換する

図表6-2　NTTが描く「IOWNスペースコンピューティング構想」のイメージ図

出所：NTT資料より

度に接続ロスや発熱が起き、大量の電力を使用する原因にもなっていた。

伝送から情報処理まですべてを光のまま処理する「オールフォトニクスネットワーク」が実現できれば、発熱に伴う処理スピードの低下を招かず、大量の情報を遅延なく処理できるようになり、エンドツーエンド（末端から末端まで）の新しいサービスを構築できるようになる。

そうなれば大量のデータをリアルタイムで処理する必要がある「AR」や「VR」などの利用がさらに加速し、自動運転やビッグデータ分析など様々なソリューションを開発していくことが可能になろう。

6Gの標準化作業は2025年から開始

6Gの仕様を決める国際的な標準化作業は2025年頃から始まる見通しだが、総務省は「ビヨンド5G推進戦略懇談会」を開催し、「ビヨンド5G」や「6G」に求められる機能や課題をまとめたロードマップを作成した。その中で6Gに期待される技術やサービス機能は以下の通りだ。

5G機能のさらなる高度化

●超高速大容量

テラヘルツ波などを活用し、5Gの超高速大容量機能をさらに高度化。5Gの10倍のアクセス通信速度を実現

●超低遅延

通信遅延を5Gの10分の1に低減。サイバー空間を含めた時空間同期を実現。どこにいてもリアルタイムでコミュニケーションできるようにする

●超多数同時接続

分散アンテナ技術の高度化などでデバイスの同時接続数を5Gの10倍に拡大

持続可能なネットワークを実現する新機能

●超低消費電力

オールフォトニクスネットワークや半導体の省電力化により、消費電力を現在の100分の1に低減

●拡張性

「衛星」や「HAPS（高高度擬似衛星）」を活用し、海上や空、宇宙のどこにいてもネットワークにつながる

●自律性

AIを活用し人手を介さず機器が自律的に連携。有線・無線を意識せず用途に合わせたネットワークを構築

●超安全・信頼性

量子暗号技術などを活用してセキュリティを確保

6Gでは5Gの高速大容量、超低遅延、多数同時接続といった特徴をさらに高度化し、持続可能なネットワークを実現するための新しい機能を実装する計画だ。

無線通信システムの高速化により、スマートフォンやセンサー、カメラなどで収集した大

量のデータを仮想空間上のＡＩで分析・予測し、現実空間にフィードバックする、いわゆる「ＣＰＳ（サイバー・フィジカル・システム）」の実現を目指している。

そうなれば仮想空間と現実空間をリアルタイムに接続し、リアル世界をサイバー空間上でシミュレーションできる「デジタルツイン」の社会実装が可能になる。デジタルツインは人々の行動やモノの動きなどを最適な方向に導くことができ、それが実現すれば産業の活性化や様々な社会問題の解決にも役立てられよう。

特に5Gとの大きな違いはエリアの拡張性だ。あらゆるモノをネットワークにつなぐためには、人々が住むエリアだけでなく、山間部や海の上など地球上どこでもつながることが求められる。

山間部や海の上はこれまで基地局の設置が難しかったが、人工衛星や成層圏に空飛ぶ基地局を設置する「ＨＡＰＳ（高高度擬似衛星）」を利用すれば、地上から離れた場所もカバーエリアにできる。ドローンや空飛ぶクルマなどの制御も可能になる。

最後にもうひとつ重要な機能が超低消費電力だ。デジタル化の進展により、ＮＴＴグループだけでも日本の電力消費量の1％、情報通信産業全体では10％を消費しているといわれ、従来型のＩＣＴの技術を継続していれば、エネルギー利用の面から発展が制約される。情報端末や基地局を含めたネットワークをエンドツーエンドで省電力化し、将来にわたって持続可能なデジタル社会を形成しようというのが6Gに期待された大きな課題だ。

5Gで先行する中国、6Gで巻き返し狙う日本

世界ではこうした6Gの時代をにらんだ5G技術の機能拡張や新しい要素技術の開発競争が始まっている。6G規格の標準化で主導権を握るのが目的だ。

中国政府は2019年1月に6Gの推進団体「IMT－2030（6G）」を設立した。電気通信技術の振興を担う国連機関、国際電気通信連合（ITU）の6Gの標準化活動「IMT－2030」と同じ名前で、5Gで実現したネットワーク機能やソリューションをベースにさらに発展させることを目的としている。

5Gの「すべてのモノがつながる」から、6Gでは「すべての知能がつながる」社会を目指している。人々の生活の質の向上と生産方式の高度化、人類社会の持続可能な発展を目標に掲げるが、内実は次の6Gに向けた戦略を講じるのが狙いだ。

欧州ではEUが中心となり、6Gの研究プロジェクト「Hexa－X（ヘクサエックス）」を設立した。研究を主導するのはスウェーデンの大手通信機器メーカーのエリクソンやフィンランドのノキアなどで、6Gの標準化作業における主導権獲得を狙っている。

米国でも情報通信技術に強みを持つ大学や研究機関が6Gの研究を始めている。特に興味

深い6Gビジョンを発表したのが米AT&Tの傘下にあった「ベル研究所」だ。電話を発明したアレクサンダー・グラハム・ベルの名前を冠した研究所で、再編により現在はノキアの傘下に入り、「ノキアベル研究所」と名前を変えている。

そのベル研究所が発表したビジョンでは、2030年代のコミュニケーションの装置として、ウェアラブル端末、衣服の生地タイプの端末、皮膚パッチタイプの端末、それに体内埋め込み型センサーの4つを挙げている。

今後、ネットワーク化されるモノや装置が多様化し、その数が爆発的に増えることを予測しており、データ処理の領域も現実空間や仮想空間に加えて、生物的な世界にも広がると指摘している。ICTとバイオテクノロジーが融合し、医療・ヘルスケア分野の新たなソリューションも創出されるという。

一方、日本は6Gに必要な要素技術の分野で先行している。NTTグループが掲げるオールフォトニクスネットワークの技術や低消費電力の半導体、テラヘルツ波、量子暗号などの技術だ。そうした技術面の優位性を活かし、いち早く社会課題を解決するためのユースケースづくりやビジネスモデルの構築を急いでいる。

「IOWN」は6G時代の主役になれるのか

世界的な6Gの開発競争で日本のNTTグループが主導権を奪還するための切り札がまさに「IOWN」だ。NTT常務執行役員研究企画部門長を務める川添雄彦は「IOWNの技術で中国など海外勢に対抗していく」と意気込む。「6Gパワード・バイ・IOWNでグローバル競争を勝ち抜きたい」という。

IOWNはNTTの研究所が長年培ってきた光通信技術や光電融合技術を活用して超高速大容量、超低遅延、超低消費電力のネットワークを実現するのが目的だ。6Gでは5Gよりさらに周波数の高い90ギガヘルツから300ギガヘルツ、さらに3テラヘルツまでの「テラヘルツ波」の利用を検討している。これらの高周波数帯を使うと、5Gの「ミリ波」よりも10倍以上速い毎秒100ギガビットを超える超高速通信が実現可能だ。

ただ、これは基地局から端末までの通信速度を表しており、基地局から中継ネットワーク、さらにはその先にあるデータセンターや、相手側の端末につながるまでには速度の低下や遅延は避けられない。

インターネットの基本原理である「パケット通信網」の構造にそもそもの原因があると指摘されており、そうしたネットワークの再構成も含めて「ゲームチェンジ」を起こそうというのがNTTグループの目指す「IOWN」戦略だ。

ＩＯＷＮは超低消費電力が最大の売りものに

ＩＯＷＮのオールフォトニクスネットワークは、現在の通信ネットワークに比べ、伝送容量が約１２５倍、遅延が２００分の１へとパフォーマンスが急激に向上する。さらに消費電力は従来の１００分の１に削減できる。

６Ｇが目指す超高速大容量、超低遅延、超低消費電力の実現には、まさしくＩＯＷＮの技術が有効であり、推進役を担う川添も「６ＧとＩＯＷＮの技術は極めて親和性が高い」と強調する。

第5章

２０３０年ＮＴＴグループの未来像

世界中の通信事業者が次の10年に向けた成長戦略を模索している。成長の方向性は国境を越えて海外市場に出ていくのか、通信と情報技術を融合したＩＣＴによってエネルギーや産業、農業、医療、教育といった新しい事業分野へ進出するかといった選択だ。

固定電話の需要が急速に減少し始めた20年前から、ＮＴＴグループも様々な可能性の扉を開けようとしてきた。そうした懸命な努力が2018年、持株会社社長に澤田純が就任してから一気に実を結び始めた。

光ファイバー技術で築いた成長戦略に新たな転換

ＮＴＴのコアコンピタンス（強み）は光ファイバー網の構築で世界をリードしてきた光通信技術にある。1980年代に日本を縦貫する光ファイバーの基幹網を敷設し、1990年代には全国津々浦々に光ファイバー網を張り巡らせた。

光ファイバー網の構築はＮＴＴ東日本やＮＴＴ西日本だけでなく、ライバルのＫＤＤＩやソフトバンク、さらには関西電力系のケイ・オプティコム（現オプテージ）など電力系の通信事業者も巻き込んで熾烈な競争を繰り広げた。

2000年代には日本にも広がったインターネット需要に乗り、一般の家庭や企業にまで光ファイバーを使ったブロードバンドネットワークを普及させた。

ところが「ＧＡＦＡ」に象徴される「ＯＴＴ」と呼ばれるコンテンツプレーヤーが世界の情報通信市場を牛耳るようになると、ブロードバンドの固定回線はコモディティ（日用品）化が進み、ＮＴＴはいわゆる「土管屋」に成り下がってしまった。

光ファイバー網を使った通信インフラサービスだけでは他の通信事業者と差別化できなく

なり、2010年代に打ち出したのが「光コラボレーションモデル」もしくは「B2B2X」と呼ばれる光ファイバーの卸販売モデルだった。

光回線契約のために自ら販促費用を投じるより、様々な事業を営むパートナー企業と組み、自らは「黒衣（くろこ）」に徹することで新たな価値創出を目指そうとした。自前の光回線をライバルの事業者にも同じ条件で開放し、それまで固定ブロードバンド事業をできなかったNTTドコモやソフトバンクにも新たな道を開いた。

光ファイバー網による家庭向けインターネットワークサービスの契約数は3500万件を超えたが、一方で4Gや5Gといった高速移動通信ネットワークやスマートフォンが登場すると、固定回線でなく、モバイル回線でインターネットに接続するユーザーが多くを占めるようになった。

携帯端末はいつでもどこでも情報にアクセスできる新たな社会インフラとなったが、携帯ネットワークもまた固定回線と同様、土管化が進んだ、政府も携帯料金の引き下げを求めるようになり、従来のようには収益を上げられなくなった。

そうした中でNTTが新たに打ち出したのが次世代の光情報通信基盤となる「IOWN」と、海外市場に再び活路を求めるグローバル戦略だった。個人向けの国内携帯サービス市場は飽和しつつあり、法人顧客の掘り起こしが最重要課題となった。そのためにNTTが決定したのがドコモの完全子会社化と、グループ企業のNTTコミュニケーションズやNTTコムウェアの子会社化だった。

では次の10年に向け、NTTは「2030年世界戦略」をいったいどう描こうとしているのか。これまで見てきたNTTの新たな動きから、NTTグループのあるべき将来の姿について展望してみたい。

新生ドコモが日本の社会・産業のDXをリード

NTTドコモは2022年1月、個人向け市場と法人市場を合わせ持つ売上高6兆円の巨大IT企業へと変貌する。

米GAFAの売上高には遠く及ばないものの、NTT東日本や西日本のようにNTT法による日本政府の監視を受けない情報通信会社の誕生は、高速通信規格の「5G」を活用し、日本の産業界のデジタルトランスフォーメーション（DX）を大きく促すに違いない。

新ドコモグループの社長となる井伊基之は「社会のDXをリードし、3社合わせて約1兆6000億円の法人事業売上高を25年度には2兆円以上に引き上げたい」と意気込む。「5G」のビジネス展開に加え、次世代の「6G」の規格づくりでも世界をリードしようという戦略だ。

人工知能（ＡＩ）や5Ｇといった最新技術を活用し、日本の行政や企業の効率化を促すためにはソフトウエアの開発能力やデータの分析能力が重要となる。新ドコモグループはその基盤を固めるため、２０２５年度までにソフトウエアのアジャイル開発を促す人材を５０００人規模に拡大し、データ活用人材についても５０００人規模に拡大する計画だ。

２０３０年頃に本格的な社会実装を始めるＮＴＴの光情報通信基盤「ＩＯＷＮ」の推進も情報通信分野における日本の国際競争力の強化が目的だ。大量のＩｏＴデータや人々の人流データを収集分析することで、自動運転やスマートシティなど幅広い分野に役立てようとしている。

「デジタルツインコンピューティング」の技術により、モノやクルマから生じるＩｏＴデータを上手に加工分析できれば、製造業や流通業のＤＸや自動運転などを促すだけでなく、スマートシティなど新たな分野への応用にもつながる。

地域の社会課題を解決するＮＴＴ東日本とＮＴＴ西日本

新ドコモグループのミッションが国内の携帯市場や法人向けソリューション事業の拡大だとすれば、ＮＴＴ東日本や西日本に課された任務は人口減少に対応できる地域の活性化とＩＣＴによる農業など第１次産業のテコ入れだといえよう。高齢者層に対する医療や介護など公共分野におけるデジタル化の推進も大きなミッションだ。

一口に「地域の課題」と言っても、その内容は様々だ。農業が盛んな地域では高齢化に伴う農業人口の減少をどう補うかが重要な課題となっている。

一方、村おこしや街おこしではスポーツなど様々なイベントの開催や、帰郷する若者たちに対する地域雇用などの受け皿づくりが重視される。そうした課題をひとつひとつ解決していくのが地域電話会社としてのこれからの役割だ。

コロナ禍で広がったリモートワークを定着させるため、オフィス業務のデジタル化や製造業の可視化、遠隔制御なども重要な課題となっている。東日本大震災などの経験を踏まえ、河川や道路、橋梁といった社会インフラの強靭化や見守りなど、デジタル技術を活用した防災や環境整備なども期待されている。

地域ごとに山積する課題に対応できるのは全国の生活圏ごとに電話局舎という拠点を構え、豊富な人的資源や資金力を持つＮＴＴだけだと言っても過言ではないだろう。２０３０年の将来に向け、その礎づくりを今から進めておくのがＮＴＴ東西に期待された大きなミッションだといえよう。

グローバル市場で存在感現す「ワンＮＴＴ」

通信と情報技術の融合が進んだことで通信事業者に期待されるのは、単なる通信サービスというより、様々なアプリケーション開発と連動したソリューションの提供だ。国内でそれを担うのが新ドコモグループだとすれば、海外市場で新たなソリューション事業やネットワーク事業を展開するのがＮＴＴのグローバル持株会社、ＮＴＴインクだ。

ＮＴＴインクの傘下には、ネットワーク事業やインフラ事業を担う英国法人のＮＴＴリミテッドと、ＩＴサービス事業を営むＮＴＴデータが存在する。これまで海外事業を営んできたＮＴＴコミュニケーションズのネットワークインフラ事業を取り込んだＮＴＴリミテッドがその急先鋒となっていく必要があろう。

ＮＴＴの海外展開について、ＮＴＴリミテッドＣＥＯのアビジット・ダビーは「グローバル市場でネットワークからシステム開発まですべてのニーズに応えられるフルスタック（完全な品ぞろえ）のサービスメニューが用意できた」と語る。同じ「ＮＴＴ」ブランドで海外の顧客企業に訴える「ワンＮＴＴ」体制が出来上がったという。

エネルギーやスマートシティ市場でも総合力を発揮

「ワンＮＴＴ」のアプローチは通信以外のエネルギーや不動産、スマートシティ事業などでも遺憾なく発揮されている。

米ラスベガス市でのスマートシティ事業やカナダのエドモントン国際空港のオンデマンド交通サービスなどは、地元の自治体が主導するプロジェクトを日本という外国の企業が請け負ったことで注目された。背景にはＮＴＴデータやリミテッド、アーバンソリューションズといったＮＴＴグループの中核企業が一丸となってプロジェクトに参画したことが地元での評価につながった。

さらにスマートシティ事業ではトヨタ自動車や三菱商事、オランダのデジタル地図会社、ＨＥＲＥテクノロジーズとも協業している。街づくりに必要なエネルギー管理の分野では、ＮＴＴアノードエナジーというエネルギー専門のグループ会社を巻き込んでおり、まさにＮＴＴグループによる新たなエコシステムが動き出した。

外国製プラットフォームに支配された日本の情報通信サービス

新ドコモグループが発足する２０２２年1月は１９８５年のＮＴＴ民営化から37年を数え、固定通信事業がＮＴＴ東西とＮＴＴコミュニケーションズに分かれた１９９９年のＮＴＴ分割から計算すれば、23年の月日を迎える。

会社が分割された当時は、市内電話と長距離電話と異なるサポート窓口があり、ＮＴＴの回線がつながらないと電話をかけても「それはよそ様のサービスですから」とたらい回しされることもあった。いい意味で独立心が旺盛だったが、ユーザーから見ればNTTの分割民営化の負の側面だったともいえよう。

それよりも大きな代償は「ラストワンマイル」といわれる市内通信網の独占状態にばかり目を奪われ、政治も行政もライバルの通信事業者も、外に控える「GAFA」という新興勢力の台頭に誰も気付かなかったことだ。

結果として国民同士のコミュニケーションツールは電話からフェイスブックやLINEといったソーシャル・ネットワーキング・サービス（SNS）にとって代わられ、国民の情報収集に応える検索ツールはグーグルが独占するようになった。コロナ禍でオンラインショッピングが日本でも急速に広がったが、そのプラットフォームを提供しているのは日本の百貨店でも専門店でもなく、アマゾン・ドット・コムのようなグローバルIT企業となってしまった。

そのアマゾンに対抗する国内電子商取引最大手、楽天の会長兼社長の三木谷浩史が以前、「アマゾンやグーグルを使えば個人情報が米国に抜かれ、LINEを使えば韓国に抜かれる」と警鐘を鳴らしたが、その指摘通り、LINEの情報は韓国はおろか、中国にまでさらされていたことが判明した。コロナ禍でLINEのプラットフォームは日本政府にまで利用されていた。

さらに驚くべきことは、日本の携帯端末市場におけるアップルの突出した市場支配力だ。内閣官房デジタル市場調査本部が21年6月にまとめた資料によれば、アップルのｉＰｈｏｎｅに使われる基本ソフト「ｉＯＳ」の国内シェアは約66％と圧倒的な支配力を誇っている。

２００８年に日本で最初にｉＰｈｏｎｅを発売したのはソフトバンクだが、ほかの通信事業者はアップルの当時ＣＥＯだった「スティーブ・ジョブズのお手並みを拝見したい」と傍観していたが、結果的に日本の通信業界はアップルにあっという間に足をすくわれてしまった。

それどころかアップルをよそ眼に見ていたほかの通信事業者もこぞってｉＰｈｏｎｅを扱うようになり、海外では見られないアップルの独占状態を日本国内に招いてしまった。

グループ再結集の合言葉は「俺たちの目の黒いうちに」

情報通信サービスや携帯端末市場における外国勢の支配を許した責任は総務省など政府にもあるが、それに対抗しうる手段を提供してこなかったＮＴＴグループにも大きな責任がある。グーグルが今日のビジネス情報ツール「グーグルワークスペース」につながる「Ｇメール」の電子メールサービスを始めた2000年代中頃の時も、NTTは電子メールが日本の重要なビジネスツールになるとは思わず、グーグルに対抗できるサービスを提供しようとはしなかった。

「日本の安全な情報通信インフラを担い、新しい技術の方向性を絶えず探る」というNTT本来の遺伝子が分割民営化の過程で失われ、新たなチャレンジに挑もうという社員の意欲と責任感を削いでしまったのではないだろうか。

その意味ではNTTグループが打ち出した「IOWN構想」や「O-RAN」などのイニシアティブ（主導権）は、2006年の「NGN（次世代ネットワーク）」以来15年ぶりの重要な戦略だといえる。NTTグループの再結集はライバル事業者には納得がいかないかもしれないが、日本の情報通信産業を強くするには必要なアプローチだったといえよう。

「ワンNTT」を目指す動きは持株会社社長の澤田が社長に就任する前からあり、再結集を望むNTTの幹部がそれぞれ口にしたのは「俺たちの目の黒いうちに」という合言葉だった。NTTが分割された1999年入社以降の社員はそれぞれ別の事業会社に採用され、互いに顔を合わすこともない。その世代が各グループ企業のトップになるころには再結集という話も出てはこないだろう。

その意味では現在、各主要グループ企業の社長を務めるNTT東日本の井上福造や西日本の小林充佳、ＮＴＴデータの本間洋、ＮＴＴコミュニケーションズの丸岡亨、ＮＴＴドコモの井伊基之は、いずれもＮＴＴが民営化される前の電電公社時代の採用だ。持株会社で東京オリンピック・パラリンピックの担当役員を務めた栗山浩樹は民営化の１９８５年に入社している。

いずれも同じ釜の飯を食った仲間という同胞意識がある。今回の時期を逃せば「ドコモ・コム・コム連合」の実現も難しかっただろう。２０２２年１月というのはギリギリのタイミングだったといえる。

おわりに

この本を出版することになったきっかけをご紹介する前に、まず編著者である「ＭＭ総研」とは何者かということからご説明したい。１９９６年に東京・八重洲で創業した「マルチメディア総合研究所」がその前身であり、当時話題となっていた「マルチメディア」に関する市場調査を行うことを目的に産声を上げた。

今年でちょうど四半世紀が経過し、マルチメディアという言葉も歴史上の用語となってしまったが、もともとの意味は様々な種類の情報をひとまとめに扱うメディアのことを指していた。わかりやすい例が、文字や写真、映像などを1枚の光ディスクに収めた「ＣＤ－ＲＯＭ」である。

今回の本の執筆でもＮＴＴ社史編纂委員会が民営化10年をきっかけに１９９５年に制作した『ＮＴＴの10年』と題したＣＤ－ＲＯＭを書棚の奥から探し出して視聴してみた。まさにＭＭ総研が誕生した頃に作られたわけだが、そのマルチメディアという言葉を一般に広めた真の立役者こそが当時の日本電信電話（ＮＴＴ）だった。

ＮＴＴは電電公社の時代からアナログ方式の電話網をデータ通信にも対応できるデジタル通信網へ転換を促そうとし、１９７９年に「ＩＮＳ（高度情報通信システム）構想」という計画を発表した。民営化前年の１９８４年には東京都三鷹市で実証実験を開始し、１９８８年に商用サービスとして結実したのが「ＩＳＤＮ（総合デジタル通信網）サービス」である。

街角には電話のモジュラージャックを付属した灰色の公衆電話が配置されるようになり、パソコンをつなげばデータも送れるようになった。そんな公衆電話があるのは世界でも日本だけだった。そうしたデジタル通信基盤をもとにＮＴＴが１９９４年に発表したのが「マルチメディア基本構想」である。日経産業新聞でも「マルチメディア革命」と題した連載が始まり、マルチメディアブームの中で誕生したのがＭＭ総研だった。

それから25年が経過した今、情報通信分野のバズワード（流行語）はマルチメディアからインターネット、クラウド、スマートフォンへと代わり、今では「メタバース（仮想空間）」なる言葉も登場している。しかし一貫して変わらないのは情報通信技術（ＩＣＴ）が織りなす電子空間に様々な情報が取り込まれてきた歴史だ。

新型コロナウイルスの感染拡大を経て、今では行政や産業、教育、医療、農業など私たちの生活や仕事に関わるすべてのことがＩＣＴによって支えられるようになり、仕事の効率化や事業モデルの転換を促す「デジタルトランスフォーメーション（ＤＸ）」が様々な分野で進んでいる。

では「マルチメディア」に始まったデジタル化の流れを、誰が最も上手に活用し、私たちの生活を変革してきたかといえば、残念ながら、その概念を最初に描いたNTTではなく、GAFAに象徴される米大手IT企業だったと言わざるを得ないだろう。アップルがスマートフォンの「iPhone」で実現したのはかつてNTTが目指したマルチメディアの世界そのものだったといえる。

しかし、GAFAの台頭はプライバシー保護やセキュリティ対策などの面で私たちに新たな不安要素ももたらした。GAFAの事業内容に最も厳しい目を向けているのは欧州連合（EU）だが、それはGAFAのお膝元でもある米国でも似たような状況だ。そうした中で注目すべきは、米ラスベガスで始まったスマートシティプロジェクトに日本のNTTが事業の推進責任者として選ばれたことである。

日本のメディアや専門家もこれまではGAFAの動きにばかり目を奪われてきたが、世界の通信市場に改めて目を向けると、新たなプレーヤーとして再び存在感を高めているのがNTTだといえる。次世代の光情報通信基盤「IOWN」を推進する動きはまさにその象徴だ。ほかにも三菱商事やトヨタ自動車との提携など、NTTの新たな強い意気込みを感じる出来事がいくつも目に留まるようになってきた。

MM総研としてそうしたNTTに焦点を当てようと思ったのは、世界の通信市場における

ＮＴＴの最新の取り組みを取材し、ＮＴＴだけでなく日本の情報通信産業のあるべき姿を描くことが、この分野を専門とする調査・コンサルティング会社の重要なミッションだと気付いたからである。

取材にあたっては、私たちの提案に対しＮＴＴの澤田純社長が快く応じて下さり、協力いただけたことは非常に喜ばしい限りである。しかし本に掲載した内容についてはＭＭ総研としての見方や認識を記したものであり、その責任は私たちに帰する。

最後になるが、今回の出版計画について、最初に賛同をいただいたＮＴＴ広報室の工藤晶子室長、グループ会社との連絡や原稿の確認にご尽力をいただいた川野大介氏、山下航太氏には心よりお礼を申し上げたい。出版の前段階から色々と適切なアドバイスをいただいた日経ＢＰの中川ヒロミ氏、野澤靖宏氏、原稿のとりまとめに終始ご協力いただいた森川佳勇氏にはこの場を借りて深い感謝の意をお伝えしたい。

そして原稿執筆のため勤務時間を割いて対応してくれたＭＭ総研の諸君にも改めて感謝を申し上げる。諸君の協力がなければこの本が世に出ることはなかっただろう。

２０２１年11月

（株）ＭＭ総研　代表取締役所長　関口和一

巻末資料1
NTT年表

電電公社時代

NTTグループの動き

1952 日本電信電話公社設立
1968 ポケットベルサービス開始
1979 「INS（高度情報通信システム）構想」を発表

政府の情報通信政策、政治・経済・社会の主な動き

1952 電気通信省廃止
1953 国際電信電話（KDD）設立
1964 東京オリンピック開催
1968 電話加入1000万突破
1970 大阪万博（日本万博博覧会）開催
1983 日本テレコム（JT）設立
1984 日本高速通信（TWJ）設立

NTT民営化

NTTグループの動き

1985 日本電信電話株式会社設立（NTT民営化）
1987 携帯電話サービス開始
1988 ISDN（総合デジタル通信網）サービス提供開始
エヌ・ティ・ティ・データ通信（現NTTデータ）設立
1990 「VI&P構想」を発表
1991 エヌ・ティ・ティ・移動通信企画（現NTTドコモ）設立
1993 NTTドコモ デジタル方式（PDC）携帯電話サービス開始
1994 NTTパーソナル設立（後にNTTドコモに統合）
「マルチメディア基本構想」を発表

政府の情報通信政策、政治・経済・社会の主な動き

1985 電気通信制度改革 電電改革三法の施行、第二電電（DDI）発足
1987 日本移動通信（IDO）設立
1989 電話加入5000万突破
JR系の鉄道通信が日本テレコムを吸収合併し日本テレコムに社名変更
1990 NTTの在り方に関する電通審最終答申および政府措置決定
1991 インターネットの「ワールド・ワイド・ウエブ（WWW）」が登場
日本テレコムとJRがデジタルホンを設立
1993 電波利用料制度発足
1994 携帯電話売り切り制スタート
日本テレコムと日産自動車がデジタルツーカーを設立
関西セルラー、東京デジタルホン、IDOなどがPDCサービスを開始

NTT分割

1995	超高速デジタル伝送サービス開始 NTTパーソナル PHSサービス開始
1996	インターネット接続サービス「OCN」提供開始
1998	「情報流通構想」を発表
1999	NTTドコモ「iモード」サービス開始 持株会社体制に移行（NTT分割） NTT東日本、NTT西日本、NTTコミュニケーションズ設立
2000	NTTコミュニケーションズ 米ベリオ社を買収
2001	NTT東西 ADSL接続サービス提供開始 NTT東西 光IP通信網サービス「Bフレッツ」提供開始 NTTドコモ「FOMA」サービス開始（第3世代移動通信システム）
2002	「光新世代ビジョン」発表
2003	インターネットイニシアティブ（IIJ）の第三者割当増資引き受け

1995	村山内閣「高度情報通信社会推進本部」設置 阪神淡路大震災 DDIポケット電話、アステルがPHSサービス開始
1996	電気通信審議会「NTT分離・分割」を答申
1997	NTT法改正案、KDD法改正案、電気通信事業法改正案が成立 郵政省がNTT再編成の基本方針を発表
1998	郵政省が第一種電気通信事業者に係る外資規制を撤廃
2000	DDI、KDD、IDOが合併し、KDDIが発足 森内閣「高度情報通信ネットワーク社会形成基本法（IT基本法）」制定
2001	「e-Japan戦略」スタート 英ボーダフォンが株式公開買い付けで日本テレコムの経営権を取得 ADSLの「Yahoo! BB」サービスが開始
2002	KDDIがCDMA2000サービス開始（第3世代移動通信システム）
2003	地上デジタル放送開始 「個人情報保護法」公布
2004	ソフトバンクが日本テレコムを買収 ブロードバンド契約数2000万突破

時期	年	NTTグループの動き	年	政府の情報通信政策、政治・経済・社会の主な動き
NTT分割	2006	「次世代ネットワーク（NGN）」のフィールドトライアル開始	2006	ソフトバンクがボーダフォンの日本国内事業を買収 小泉内閣「IT新改革戦略」発表
	2007	「ひかりTV」サービス提供開始	2007	携帯電話累計契約数1億突破
	2008	NTTコミュニケーションズ クラウドサービス「ビズシティ」提供開始		
	2010	NTTドコモ 全国の地域会社9社を統合 南アフリカのディメンションデータを買収 NTTドコモ「Xi」サービス開始（第4世代移動通信システム）	2010	総務省が「SIMロック解除に関するガイドライン」公表
			2011	東日本大震災
			2012	ソフトバンクが「LTE」サービス開始（第4世代移動通信システム） KDDIが「LTE」サービス開始（第4世代移動通信システム）
			2013	安倍内閣「世界最先端IT国家創造宣言」「日本再興戦略」決定
	2015	NTT東西「光コラボレーションモデル」の提供開始	2015	総務省が「携帯端末販売の適正化に関する取組方針」を公表
NTTグループ再編	2018	グローバル持株会社「NTTインク」を設立し海外事業を再編 ネバダ州ラスベガス市とスマートシティの推進で合意	2018	総務省が楽天モバイルの携帯電話事業への参入を認可 総務省がモバイル市場の公正競争促進に関する検討会報告書を公表
	2019	街づくり事業推進会社の「NTTアーバンソリューションズ」設立 米シリコンバレーに次世代基礎研究を担う「NTTリサーチ」設立	2019	総務省が「モバイルサービス等の適正化に向けた緊急提言」を公表 「改正電気通信事業法」施行

	世界最小エネルギーで動作する光変調器と光トランジスタを実現
	次世代ネットワーク技術の「IOWN構想」を発表
	スマートエネルギー事業の「NTTアノードエナジー」設立
	インテル、ソニーと「IOWNグローバルフォーラム」設立
	三菱商事と産業DX推進に関する業務提携を発表
2020	ゼンリンと資本業務提携による協業の推進を発表
	トヨタ自動車と資本業務提携を発表
	NTTドコモ「5G」サービス開始（第5世代移動通信システム）
	三菱商事との合弁で欧州の地図会社「HEREテクノロジーズ」に出資
	ITER国際核融合エネルギー機構と包括連携協定を締結
	NECとの資本業務提携を発表
	NTTドコモの完全子会社化を発表
	「IOWN総合イノベーションセンタ」を設置
2021	富士通との戦略的業務提携を発表
	スカパーJSATと新たな宇宙事業のための業務提携契約を締結
	新たな環境エネルギービジョンと経営スタイル改革策を発表

2020	KDDIが「5G」サービス開始（第5世代移動通信システム）
	ソフトバンクが「5G」サービス開始（第5世代移動通信システム）
	楽天モバイルが携帯電話サービス開始
	楽天モバイルが定額制の「UN-LIMIT V」サービス開始
	総務省が「Beyond 5G」「6G」へのロードマップを公表
	総務省が携帯番号持ち運び制度（MNP）の手数料廃止を決定
2021	日米両政府が6Gの研究開発に両国で45億ドル投資する方針を発表
	「デジタル庁」の創設などを含む「デジタル改革関連六法」が成立
	東京オリンピック・パラリンピック開催

出所：MM総研作成

歴代社長

	NTTドコモ	内閣総理大臣	郵政大臣／総務大臣
		中曾根康弘	佐藤文生
		↓	唐沢俊二郎
		竹下　登	中山正暉
		↓	片岡清一
		宇野宗佑	村岡兼造／大石千八
		↓	深谷隆司／関谷勝嗣
		海部俊樹	渡辺秀央
	大星公二	↓	小泉純一郎
	↓	宮澤喜一	宮沢喜一／神崎武法
		細川護熙／羽田孜／村山富市	羽田孜／日笠勝之／大出俊
		↓	井上一成
		橋本龍太郎	日野市朗／堀之内久男
		↓	自見庄三郎
	立川敬二	小渕恵三	野田聖子
	↓	↓	前島英三郎
		森　喜朗	平林鴻三／片山虎之助
		小泉純一郎	〈総務大臣〉片山虎之助
		↓	↓
			麻生太郎
			↓
	中村維夫		竹中平蔵
	↓	安倍晋三	菅　義偉
		福田康夫	増田寛也
	山田隆持	麻生太郎	鳩山邦夫
	↓	鳩山由紀夫	佐藤勉／原口一博
		菅　直人	片山善博
		野田佳彦	川端達夫
	加藤　薫	安倍晋三	樽床伸二／新藤義孝
	↓	↓	↓
			高市早苗
			↓
	吉澤和弘		野田聖子
	↓		石田真敏
			高市早苗
	井伊基之	菅　義偉	武田良太
	↓	岸田文雄	金子恭之

西暦	NTT／持株会社	NTTコミュニケーションズ	NTT東日本	NTT西日本	NTTデータ
1985	真藤　恒				
1986					
1987					
1988	山口開生				藤田史郎
1989					
1990	児島　仁				
1991					
1992					
1993					
1994					
1995					神林留雄
1996	宮津純一郎				
1997					
1998					
1999	〈持株会社移行〉	鈴木正誠	井上秀一	浅田和男	青木利晴
2000					
2001					
2002	和田紀夫		三浦　惺	上野至大	
2003					浜口友一
2004				森下俊三	
2005		和才博美	髙部豊彦		
2006					
2007	三浦　惺				山下徹
2008			江部　努	大竹伸一	
2009					
2010		有馬　彰			
2011					
2012	鵜浦博夫		山村雅之	村尾和俊	岩本敏男
2013					
2014					
2015		庄司哲也			
2016					
2017					
2018	澤田　純		井上福造	小林充佳	本間　洋
2019					
2020		丸岡　亨			
2021					

出所：MM総研作成

巻末資料3

NTTグループ組織図

1985年

日本電信電話

1985年民営化・株式会社設立

- 電話事業
- 社内システム開発事業（社内情報システム開発センタ）
- 不動産建築設計事業（建設部）

1990年

日本電信電話

NTTデータ
1988年分社設立

- 国内向けシステム開発事業

NTT都市開発
1986年設立

- 不動産開発・賃貸事業

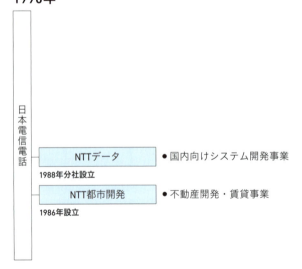

2000年

日本電信電話（持株会社）

- NTT東日本（1999年分社設立）
- NTT西日本（1999年分社設立）
  - 都道府県内固定電話事業
  - 固定インターネット事業
- NTTドコモ（1991年分社、1992年設立）
  - 携帯電話事業
  - 個人向けICTサービス事業
- NTTコミュニケーションズ（1999年分社設立）
  - 長距離電話・インターネット事業
- NTTデータ
  - 法人向けシステム開発事業
- NTT都市開発
  - 不動産開発・賃貸事業
- NTTファシリティーズ（1992年分社設立）
  - 不動産建築・設計事業
- NTTコムウェア（1997年分社設立）
  - グループ向けシステム開発事業
  - 法人向けシステム開発事業

2010年

日本電信電話（持株会社）

- NTT東日本
- NTT西日本
  - 都道府県内固定電話事業
  - 固定ブロードバンド回線事業
  - 中小企業向けICTサービス事業
- NTTドコモ
  - 携帯電話事業
  - 個人向けICTサービス事業
- NTTコミュニケーションズ
  - 長距離電話・インターネット事業
  - 国内クラウドサービス事業
- ディメンションデータ（2010年買収）
  - 海外向け情報インフラ事業
- NTTデータ
  - 国内向けシステム開発事業
  - 海外向けシステム開発事業
- NTT都市開発
  - 不動産開発・賃貸事業
  - 不動産ファンド・運用事業
- NTTファシリティーズ
  - 不動産建築・設計事業
  - エネルギー事業
- NTTコムウェア
  - グループ向けシステム開発事業
  - 法人向けシステム開発事業

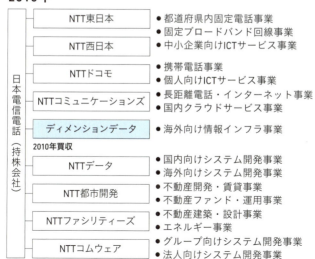

2020年

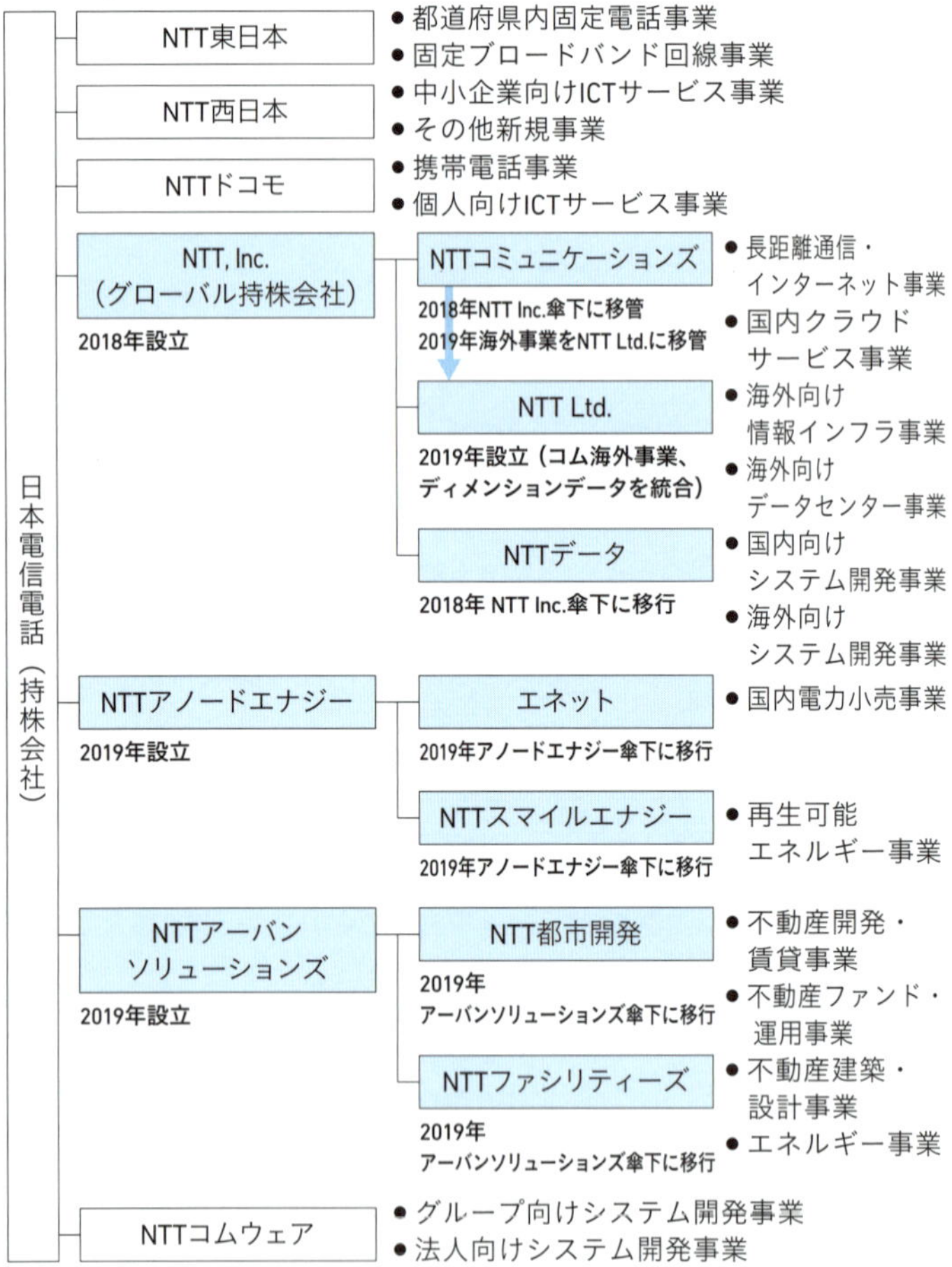
日本電信電話（持株会社）
NTT東日本
NTT西日本
●都道府県内固定電話事業
●固定ブロードバンド回線事業
●中小企業向けICTサービス事業
●その他新規事業
NTTドコモ
●携帯電話事業
●個人向けICTサービス事業
NTT, Inc.（グローバル持株会社）
2018年設立
NTTコミュニケーションズ
2018年NTT Inc.傘下に移管
2019年海外事業をNTT Ltd.に移管
●長距離通信・インターネット事業
●国内クラウドサービス事業
NTT Ltd.
2019年設立（コム海外事業、ディメンションデータを統合）
●海外向け情報インフラ事業
●海外向けデータセンター事業
NTTデータ
2018年 NTT Inc.傘下に移行
●国内向けシステム開発事業
●海外向けシステム開発事業
NTTアノードエナジー
2019年設立
エネット
2019年アノードエナジー傘下に移行
●国内電力小売事業
NTTスマイルエナジー
2019年アノードエナジー傘下に移行
●再生可能エネルギー事業
NTTアーバンソリューションズ
2019年設立
NTT都市開発
2019年
アーバンソリューションズ傘下に移行
●不動産開発・賃貸事業
●不動産ファンド・運用事業
NTTファシリティーズ
2019年
アーバンソリューションズ傘下に移行
●不動産建築・設計事業
●エネルギー事業
NTTコムウェア
●グループ向けシステム開発事業
●法人向けシステム開発事業

2022年

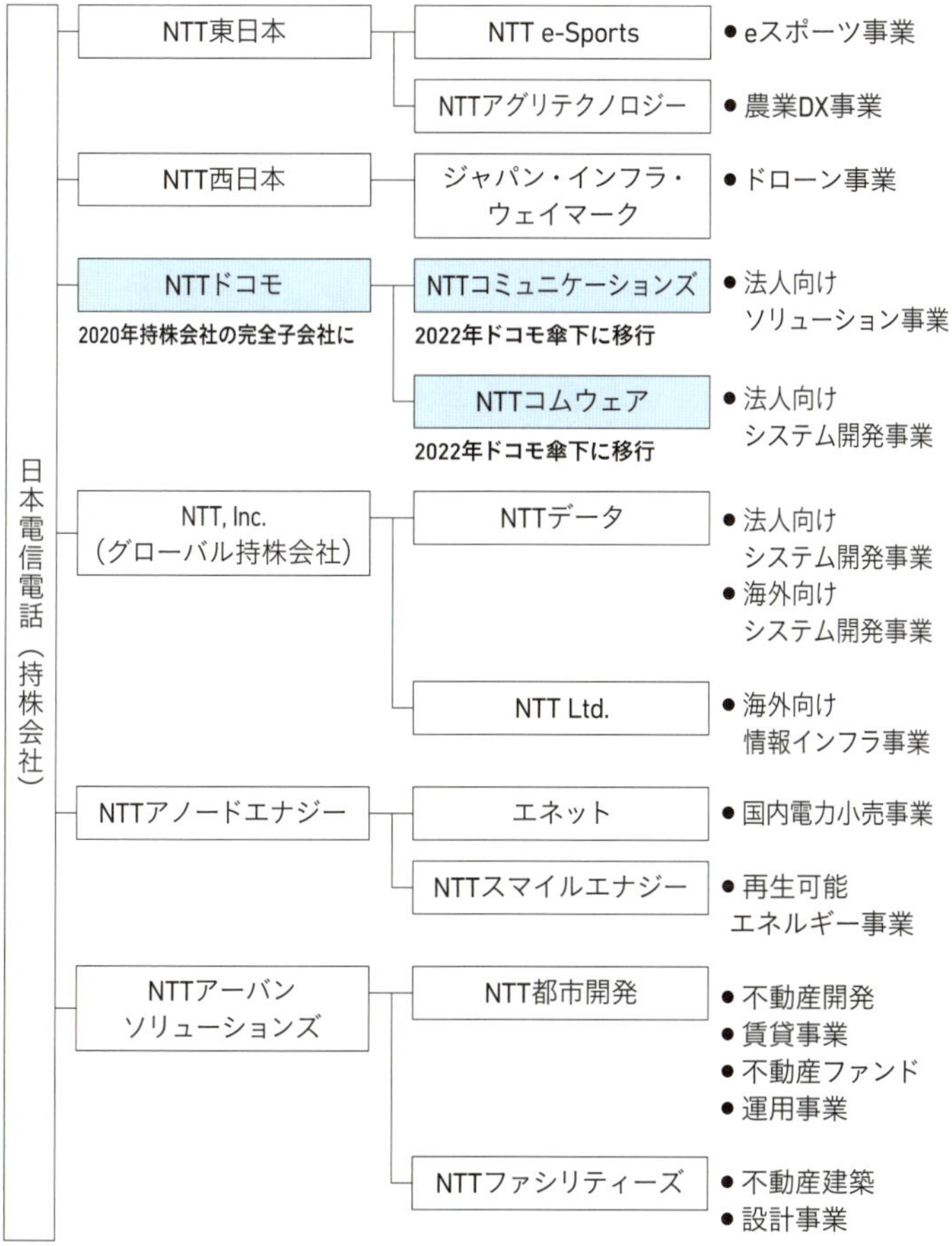

出所：MM総研作成

巻末資料4　NTTグループ過去20年間の事業別売上高推移

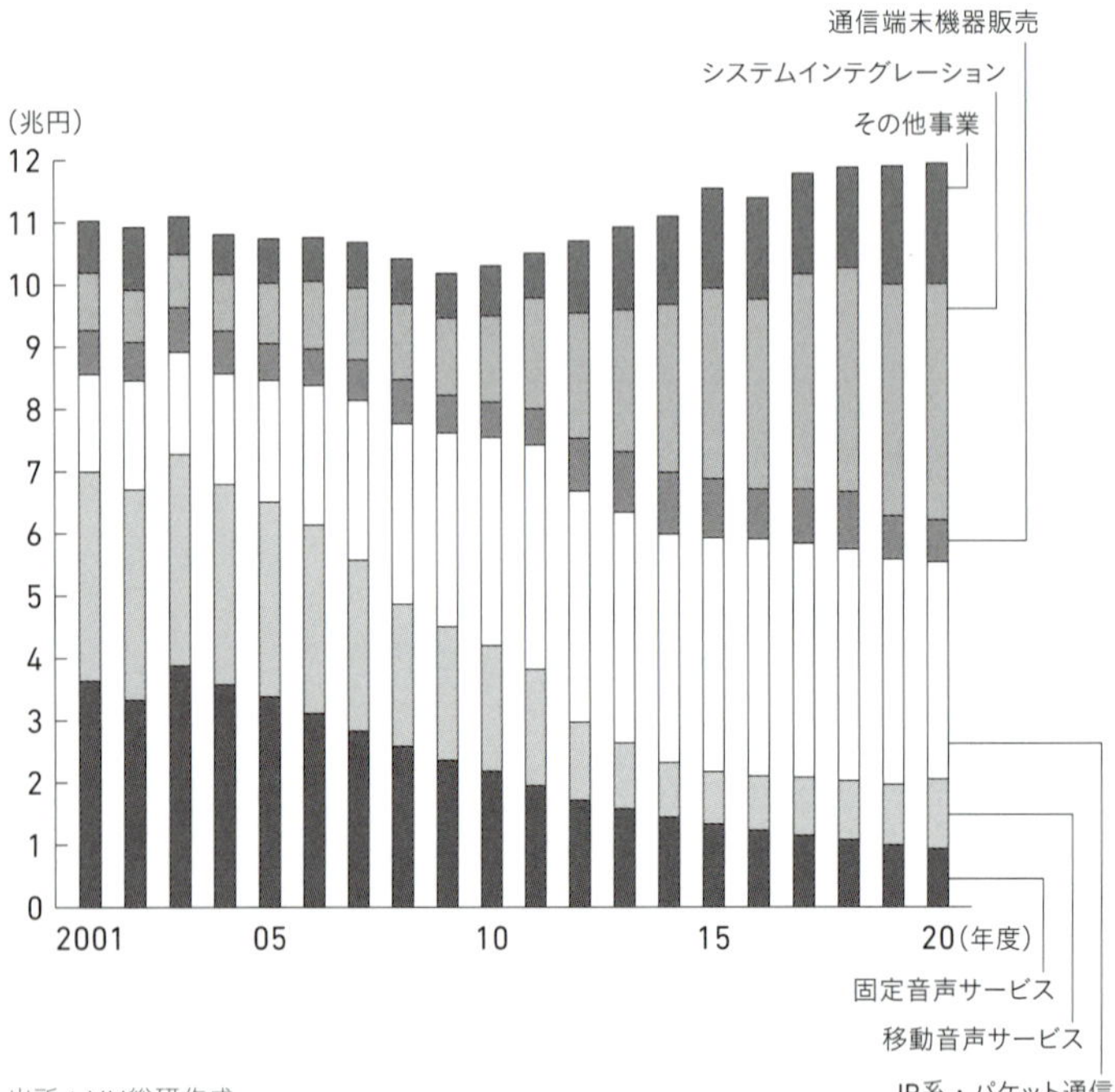

出所：MM総研作成

巻末資料5　NTTグループの海外展開と主な海外子会社

APAC：アジア太平洋　EMEA：欧州・中東・アフリカ地域　SI：システムインテグレーション
DC：データセンター　EMEAL：EMEAに中南米を加えた地域
DD：DimensionData　NW：ネットワーク

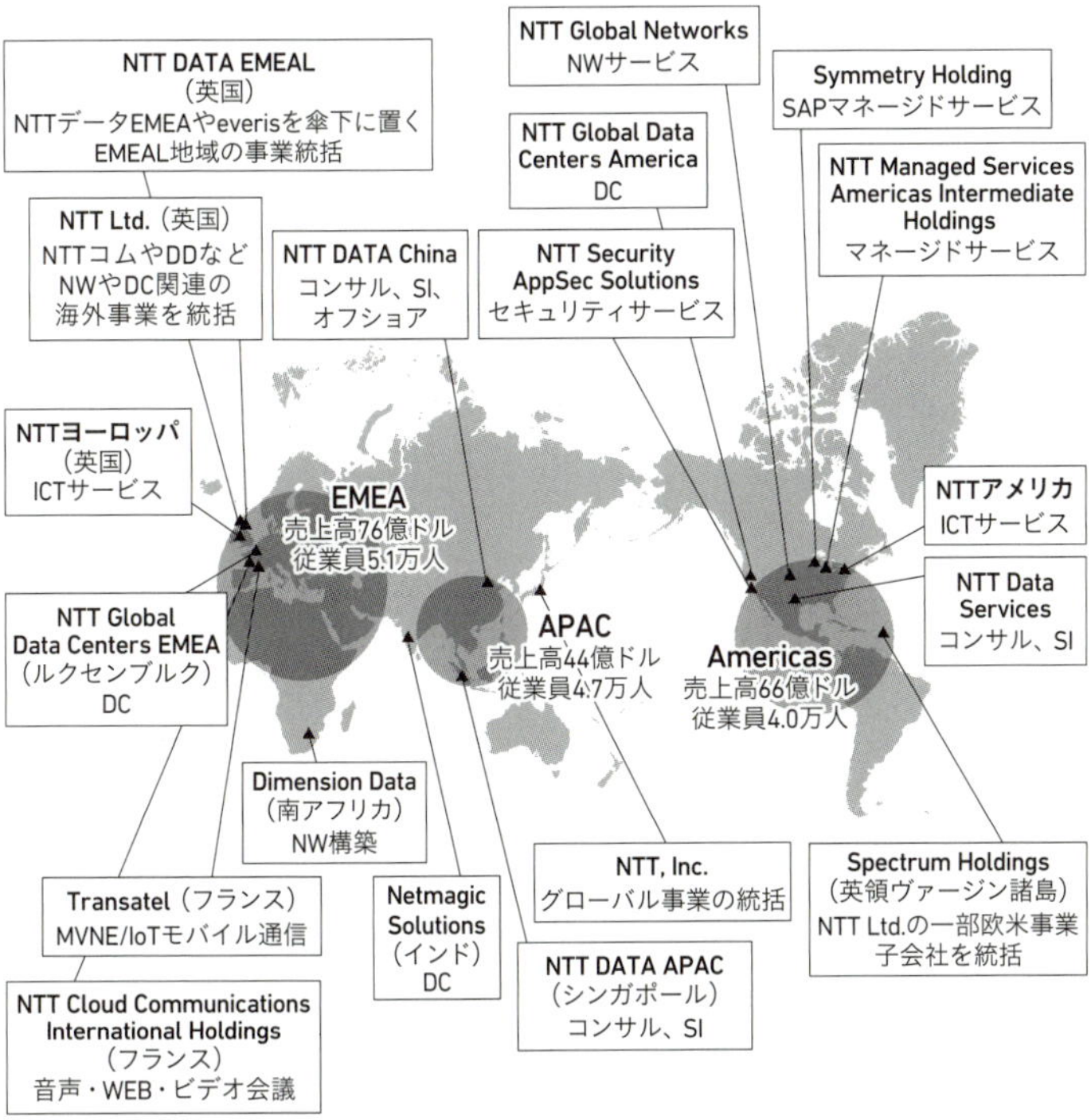

＊APACには日本の国内売上高は含まれていないa
出所：MM総研作成

巻末資料6　NTTグループの海外売上高推移と主な買収先

（カッコ内は買収金額）

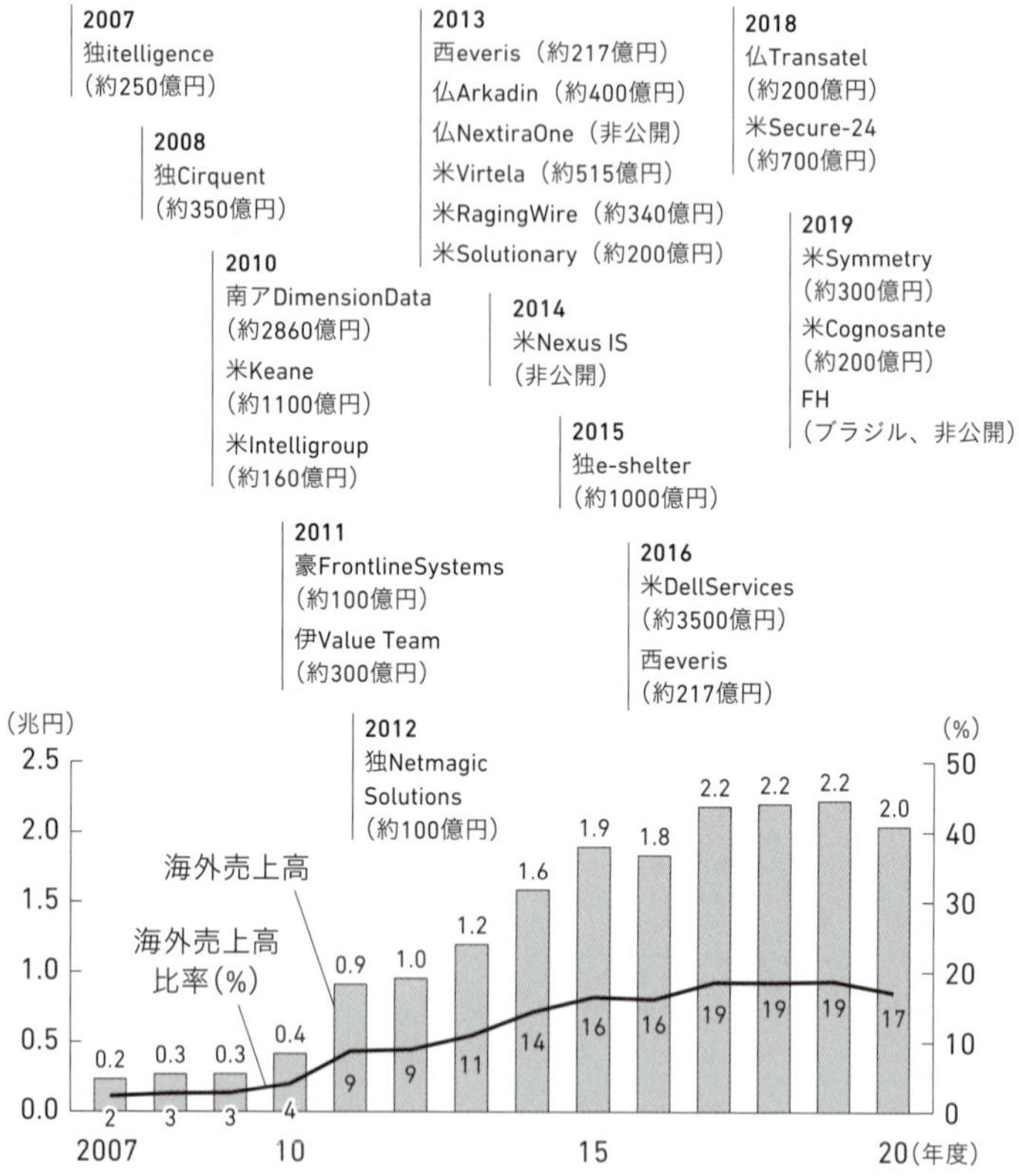

出所：MM総研作成

巻末資料7　NTTグループの国内外売上高推移

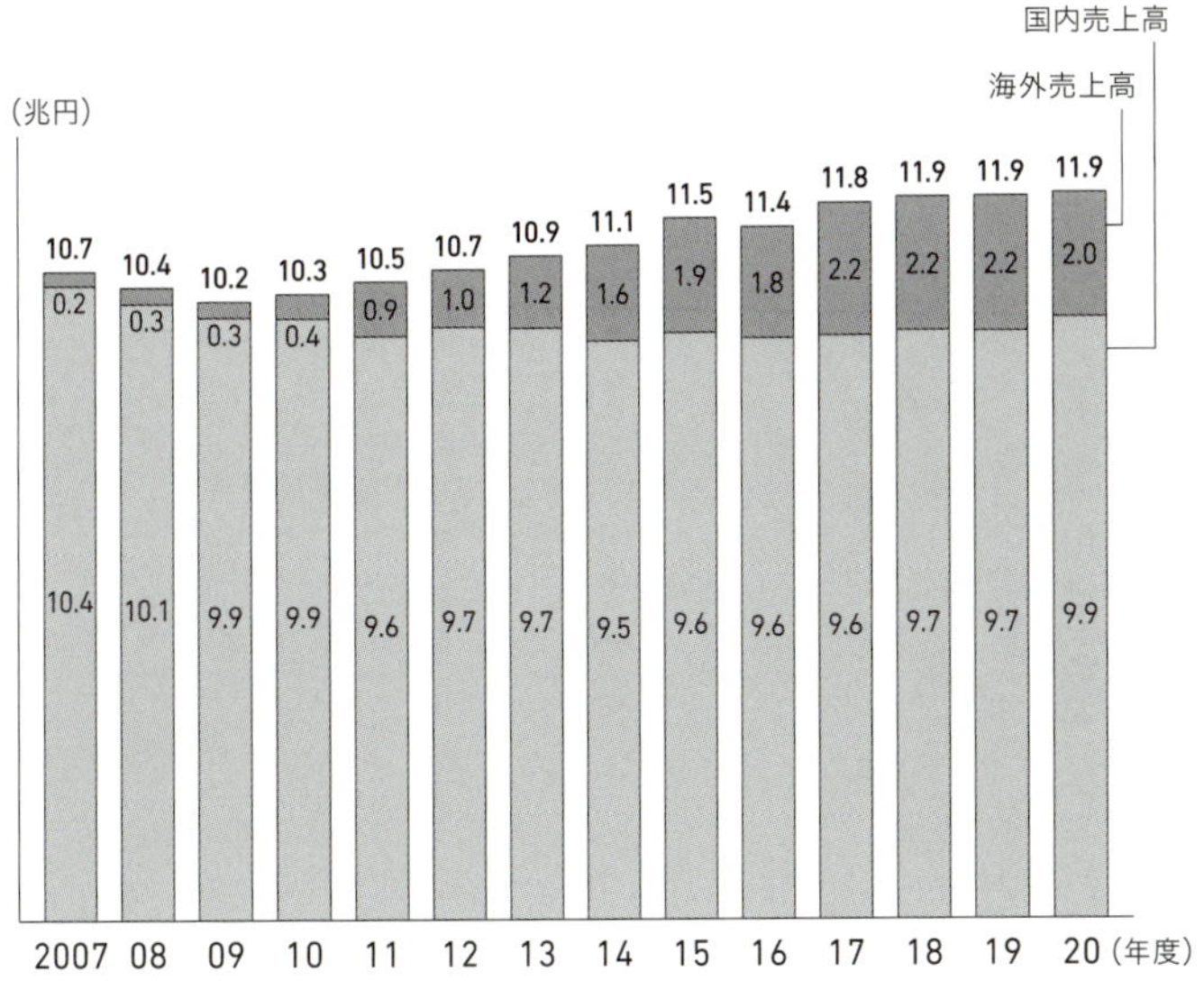

出所：MM総研作成

参考文献一覧

『日本経済新聞』
『日経産業新聞』
『情報通信白書』総務省
『MMレポート』MM総研
『IOWN構想　インターネットの先へ』澤田純・井伊基之・川添雄彦著（NTT出版）2019年
『NTTのグローバル情報流通戦略　再編後のグループ体制とR&D』（日経BP）1999年
『NOKIA　復活の軌跡』リスト・シラスマ著、渡部典子訳（早川書房）2019年
『ネットフリックスの時代　配信とスマホがテレビを変える』西田宗千佳著（講談社）2015年
『ITナビゲーター2021年版』野村総合研究所ICTメディア・サービス産業コンサルティング部著（東洋経済新報社）2020年
『最強の未公開企業ファーウェイ　冬は必ずやってくる』田濤・呉春波著・内村和雄訳（東洋経済新報社）2015年
『NTT民営化の功罪』神崎正樹著（日刊工業新聞社）2006年
『決定版5G　2030年への活用戦略』片桐広逸著（東洋経済新報社）2020年
『IOWNで未来を描くNTTの研究者たち　若さ×情熱×想像力』

川添雄彦監修・大森久美子著（ＮＴＴ出版）２０２０年
『ＮＴＴ３０年目の決断　脱「電話会社」への挑戦』
日経コミュニケーション編集、榊原康著（日経ＢＰ）２０１５年
『情報革命の構図』篠崎彰彦著（東洋経済新報社）１９９９年
『光回線を巡るＮＴＴ、ＫＤＤＩ、ソフトバンクの野望　知られざる通信戦争の真実』
日経コミュニケーション編集（日経ＢＰ）２００５年
『２０１０年ＮＴＴ解体　知られざる通信戦争の真実』
日経コミュニケーション編集（日経ＢＰ）２００６年
『ＩｏＴ時代の情報通信政策』福家秀紀著（白桃書房）２０１７年
『なぜノキアは携帯電話で世界一になり得たか　携帯電話でＩＴ革命を起こす』
武末高裕著（ダイヤモンド社）２０００年
『攻めのＩＴ戦略』ＮＴＴデータ経営研究所編著（ＮＴＴ出版）２０１５年
『ＮＴＴ vs 郵政省　インターネット時代の覇者は誰か？』加藤寛編著（ＰＨＰ研究所）１９９６年
『ねらわれた電電公社　日米摩擦の深層』大前正臣著（ＴＢＳブリタニカ）１９８１年
『ＮＴＴの深謀　知られざる通信再編成を巡る闘い』日経コミュニケーション編集（日経ＢＰ）２００９年
『ＩＴ全史　情報技術の２５０年を読む』中野明著（祥伝社）２０１７年
『２０３０年の情報通信技術　生活者の未来像』

篠原弘道監修、ＮＴＴ技術予測研究会編著（ＮＴＴ出版）２０１５年
『日本の情報通信産業史　２つの世界から１つの世界へ』武田晴人編（有斐閣）２０１１年
『２０３０年のＩｏＴ』桑津浩太郎著（東洋経済新報社）２０１５年
『官邸vs携帯大手　値下げを巡る１０００日戦争』堀越功著（日経ＢＰ）２０２０年
『ＮＴＴ帝国の逆襲』週刊ダイヤモンド特集　２０２０年12月12日号
『テクノヘゲモニー』薬師寺泰蔵著（中公新書）１９８９年
『ＮＴＴ技術ジャーナル』日本電信電話企画編集（電気通信協会）２０２０年３月号
『月刊ビジネスコミュニケーション』（ビジネスコミュニケーション）２０２１年４月号

◎編著者紹介

関口和一（せきぐち・わいち）　株式会社ＭＭ総研　代表取締役所長

1982年一橋大学法学部卒、日本経済新聞社入社。88年フルブライト研究員としてハーバード大学留学。英文日経キャップ、ワシントン特派員、編集局産業部電機担当キャップを経て編集委員を24年間務めた。2000年から論説委員として主に情報通信分野の社説を15年間執筆。19年MM総研代表取締役所長に就任。NHK国際放送コメンテーター、東京大学大学院、法政大学大学院の客員教授を務め、現在は国際大学グローコムの客員教授を兼務。

株式会社ＭＭ総研

1996年設立。ICT市場専門のリサーチ・コンサルティング会社として、マーケティング・リサーチ業務、コンサルティング業務、月刊ICT専門情報誌「MM Report」の発行などを行っている。

◎執筆者一覧（以下、株式会社ＭＭ総研）

横田英明（よこた・ひであき）常務取締役研究部長

1999年英ウェストミンスター大学経営学部卒。高校から大学まで英国で過ごし2000年にMM総研入社。インターネット、携帯電話、ＡＩなどICT分野の調査・コンサルティングに従事。各種メディアへの寄稿やコメント多数。政府の研究会構成員なども務める。

渡辺克己（わたなべ・かつみ）執行役員研究部長

1993年多摩大学経営情報学部卒。証券会社を経てMM総研入社。通信システム、インターネット、クラウドサービスの市場アナリストとして、サービスプロバイダーの戦略策定支援に携わる。2020年からローカル5G/5Gソリューションの普及活動に取り組む。

高野　始（たかの・はじめ）「MM Report」編集長

1975年3月東京大学経済学部卒、日本経済新聞社入社。編集局産業部で自動車、貿易・商社などの産業界を担当。1985年電々公社民営化では「日経ビジネス」で特集取材に当たる。2011年MM総研に転じ、ICT総合情報誌「MM Report」編集長に就任、現在に至る。

池澤忠能（いけざわ・ただよし）企画部長

2001年獨協大学院外国語学研究科英語学修士課程修了後、MM総研入社。国内携帯電話市場の流通チャネル、中小企業のシステムインフラ・クラウド化の動向、知的財産関連を中心とした海外企業の事業戦略などの調査・分析に従事。

石塚昭久（いしづか・あきひさ）研究部長

2000年法政大学経営学部卒。外資系外食企業を経てMM総研入社。モバイル通信サービス、固定ブロードバンド、デジタルコンテンツ、インターネット広告、情報家電の市場分析を担当。モバイルキャリア、インターネットサービスプロバイダーの戦略策定のほか、官公庁向けの調査研究に従事。

加太幹哉（かぶと・みきや）研究部長

2002年慶應義塾大学環境情報学部卒。リサーチ会社を経て10年にMM総研入社。ブロードバンド、インターネットなどの通信サービスやクラウドサービスの市場分析を担当。主に通信事業者、サービスプロバイダーの戦略策定支援のほか官公庁向け調査研究に従事。中小企業診断士。

作山哲二（さくやま・てつじ）研究課長

2005年東京理科大学工学部卒。システム開発会社を経て06年にMM総研入社。固定ブロードバンド、モバイル通信サービスの市場分析を担当。主に通信事業者、インターネットサービスプロバイダーの戦略策定支援のほか、官公庁向け調査研究に従事。

狩野翼（かのう・つばさ）研究主任

2002年立教大学経済学部卒。約20年間にわたり市場調査会社で化学・医療・半導体などの業界を担当し、M＆Aや新規取引に関する企業分析などにも従事。その後、SNS分析事業の事業責任者などを経て、19年MM総研に入社。

高橋樹生（たかはし・たつき）研究主任

2014年中央大学大学院理工学研究科卒。外資系大手製薬会社などを経て17年MM総研に入社。行政や教育分野のデジタル化、ICTを活用した業務自動化をメインテーマに調査研究に従事。

朝倉瑞樹（あさくら・みずき）研究員

2018年早稲田大学法学部卒、時事通信社入社。静岡総局、福井支局で警察や県政、市政、Jリーグ取材などを担当。21年にMM総研入社。モバイルやインターネットサービスプロバイダー、モビリティの調査研究などに従事。

鈴木孝幸（すずき・たかゆき）研究員

2003年一橋大学経済学部卒、国民生活金融公庫（現日本政策金融公庫）入庫。08年よりMM総研の委託研究員として、MVNOを中心とした携帯電話・モバイル通信市場などの調査に従事。

NTT 2030年世界戦略
「IOWN」で挑むゲームチェンジ

2021 年 12 月 13 日　1 版 1 刷
2022 年 2 月 3 日　3 刷

編著者　関口和一
MM総研

発行者　白石 賢

発行　日経 BP
日本経済新聞出版本部

発売　日経 BP マーケティング
〒105-8308 東京都港区虎ノ門 4-3-12

ブックデザイン　斉藤よしのぶ

組版　マーリンクレイン

印刷・製本　三松堂

ISBN978-4-532-32445-2
Printed in Japan

本書籍に関するお問い合わせ、ご連絡は下記にて承ります。

https://nkbp.jp/booksQA